浙江农民大学农村实用人才培养系列教材

图解南方葡萄省力化优质安全生产与管理

TUJIE NANFANG PUTAO SHENGLIHUA
YOUZHI ANQUAN SHENGCHAN YU GUANLI

◎ 编著 吴 江 程建徽

中国林业出版社

内容提要

本书内容以笔者和广大果农的实践为基础，根据浙江15个万亩葡萄主产县的葡萄生产情况调研、品种区试和试验研究结果进行总结，介绍了南方目前主栽的葡萄品种和适宜南方省力化栽培的前景品种、葡萄栽培的适宜生态环境和要求、种苗繁育技术，涵盖了栽培设施、栽培架式、蔓果管理、土肥水管理、病虫害防控等南方葡萄优质安全省力化栽培技术以及葡萄采收与贮藏保鲜等内容。书后附录了南方葡萄生产的管理年历与主要农事管理操作、葡萄园防御台风等自然灾害的技术与减灾技术、建议使用的农药及安全间隔期、欧美杂交种与欧亚种葡萄的栽培模式等。全书图文并茂，通过大量的图片来介绍葡萄生产技术，易学易懂，且书中介绍的技术与措施已经在葡萄生产中取得了较好的效果。

图书在版编目（CIP）数据

图解南方葡萄省力化优质安全生产与管理/吴江，程建徽，编著. —北京：中国林业出版社，2017.8

ISBN 978-7-5038-9058-1

Ⅰ.①图… Ⅱ.①吴… ②程… Ⅲ.①葡萄栽培—图解 Ⅳ.①S663.1-64

中国版本图书馆CIP数据核字（2017）第137398号

国家林业局生态文明教材及林业高校教材建设项目

中国林业出版社·教育出版分社

策划编辑：杨长峰　唐　杨
责任编辑：张东晓　杨晓红　林芳舟
电　话：（010）83143557　　　传　真：（010）83143516

出版发行　中国林业出版社（100009　北京市西城区德内大街刘海胡同7号）
　　　　　E-mail：jiaocaipublic@163.com　　电话：（010）83143500
　　　　　http://lycb.forestry.gov.cn
经　　销　新华书店
印　　刷　三河市祥达印刷包装有限公司
版　　次　2017年8月第1版
印　　次　2017年8月第1次印刷
开　　本　787mm×1092mm　1/16
印　　张　6.75
字　　数　166千字
定　　价　19.80元

未经许可，不得以任何方式复制或抄袭本书之部分或全部内容。

版权所有　侵权必究

前　　言

　　葡萄为落叶藤本植物,因其适应性强、易栽培、见效快,葡萄产业效益高且发展迅速。据统计,2013年我国葡萄种植面积约71.464×10^4hm^2,总产量约为1155×10^4t,从2010年起,我国葡萄总产量就跃居世界第一位。由于南方多湿生态条件,葡萄极易遭受病虫危害,长期以来,我国葡萄生产主要集中在新疆、山东、河北等北方地区。然而近15年来,随着抗病新品种和设施避雨栽培等新技术的应用,我国南方葡萄种植业发展十分迅速,南方已成为我国一个新兴的葡萄产区。在浙江,葡萄在水果产业中的种植面积位于柑橘、杨梅之后已上升到第三位,葡萄已成为近几年浙江发展最快、效益最好的高效优势树种,面积与产量扩张很快。据浙江省农业厅统计,2014年全省葡萄栽培面积41万亩(1亩≈666.67m^2),产量68×10^4t,产值30多亿元,形成了以宁波、舟山、绍兴、杭州、嘉兴、湖州等地市为重点的杭州湾南北岸葡萄产业带,以金华、丽水为主的浙中葡萄产业带,以及以台州、温州等为重点的浙东南沿海地区葡萄产业带。

　　葡萄生产劳动强度高,全年用工量相当多。近几年农资成本上涨较快,葡萄生产成本逐年提高,加之长三角地区经济发达,从事农业的人力紧缺、劳动力成本过高,种植效益开始下降,这已成为制约葡萄产业进一步发展的瓶颈,以管理省力、轻松、简单、节约成本为主导的科技研发与推广成为当前紧迫的任务。此外,葡萄生产在很大程度上依赖于品种以及肥料、农药、机械、人工等大量投入而实现,但化学品的过量投入会引起生态环境、农业面源污染和果品质量下降,不能适应农业持续发展的需要,在产品质量安全上,不规范使用农药、化肥,造成部分地区葡萄重金属污染、农药残留超标,以及使用植物生长调节剂不够科学合理的问题突出。随着人们生活水平的提高及环保、健康意识的增强,人们的消费观念和需求都发生了变化,更加注重果品的安全、健康和卫生。因此,鲜食葡萄的生产一方面要以"控产提质"为目标,走标准化精准生产葡萄的道路,引导和提高葡农的优质安全标准化生产意识,科学合理地使用各种农药、化肥和植物生长调节剂,推广优质安全葡萄标准化模式,生产符合国家标准的优质产品,建立果品产地质检制度即产地标识制度,控制葡萄产品质量安全的源头,提高葡萄质量和安全水平;另一方面要选育和引进不需疏果或少疏果、副梢易控制、花芽易形成的品种,加快研究推广栽培轻简化、省力节本增效的优质葡萄生产技术,促进葡萄园的机械化、智能化管理,降低人力成本,提高土地产出率、资源利用率和劳动生产率,促进葡萄产业在南方的可持续发展。

　　本书内容以笔者和广大果农的实践为基础，根据浙江15个万亩葡萄主产县的葡萄生产情况调研、品种区试和试验研究结果进行总结，图文并茂，通过大量的图片来介绍葡萄生产技术，易学易懂。本书共分五章，第一章介绍了南方目前主栽的10个葡萄品种，并推荐了10个适宜南方省力化栽培的前景品种，其中包括早甜、玉手指等浙江自主选育的葡萄品种，且介绍了该系列葡萄品种的综合经济性状与栽培特点；第二章介绍了葡萄栽培的适宜生态环境和对园地环境选择的要求；第三章介绍了南方葡萄种苗的繁育技术；第四章介绍了南方葡萄优质安全省力化栽培技术，涵盖了栽培设施、栽培架式、蔓果管理、土肥水管理、病虫害防控等葡萄生长管理的全过程，其中设施栽培章节介绍了栽培设施与架式的详细参数，病虫害防控章节详细介绍了南方地区近些年常发生的12种病害和9种虫害，并介绍了防治方法与绿色防控技术；第五章介绍了葡萄采收与贮藏保鲜的方法。本书还附录了南方葡萄生产的管理年历，根据物候期进行的主要农事管理操作，南方葡萄园对早春冰雹、低温冻害、暴雨水淹、台风等自然灾害的防御与减灾技术要点，建议使用的农药及安全间隔期，葡萄园禁止与限制使用的农药，欧美杂交种与欧亚种葡萄的栽培模式等内容，这些技术与措施已经在葡萄生产中取得了较好的效果。

　　本书中建议的农药、化肥、植物生长调节剂的施用浓度和时期，会因产地土壤环境生态条件、品种、发育时期等差异而有所不同，在实践中应根据国家相关法规、食品安全等做出调整，故仅供读者参考。

　　本书由吴江、程建徽编著，柴荣耀、陈再宏、李斌、沈林章、魏灵珠参与编写，本书在编写过程中得到了同行的支持与帮助，书中的图片来源于各位编写者摄影，在此向提供有关资料的专家、学者表示诚挚的感谢。由于编者学识水平和资料收集范围有限，时间仓促，书中难免还有一些不足和不妥之处，恳请专家、学者以及广大读者批评指正。

编　者
2017年3月

目　　录

第一章 优良品种

葡萄属(*Vitis* L.)植物出现距今已有6700万年,在植物分类上已知的葡萄属植物有70余种,其中东亚分布种类最多,有40余种,我国正处于东亚种群的集中分布区,约有38种。我国最早有关葡萄的文字记载见于《诗经》,"绵绵葛藟,在河之浒""南有蓼木,葛藟累之;乐只君子,福履绥之",诗中的葛藟是我国最早种植的葡萄。葡萄树形姿态优美,品种繁多,果实有圆形、椭圆形、手指形、卵形、鸡心形、圆柱形、倒卵形等多种形状,有白、绿、黄、粉红、紫、黑、蓝等色彩,玫瑰香、草莓香、茉莉香、牛奶香、蜜桃香等芬芳香气,深受人们喜爱,千百年来葡萄成了文人雅士描绘的对象,画家挥毫泼墨的主题。日常食用葡萄对身体健康非常有益,研究表明葡萄含有大量的以植物多酚为主的生物活性物质,如白黎芦醇、酚酸、黄酮、儿茶素、表儿茶素、原花青素等,具有抗氧化、清除自由基、降血压、降血脂、消炎、抗癌、治疗心血管疾病等功效。

随着葡萄新品种的推广种植和设施栽培技术的广泛应用,至2010年中国南方葡萄种植面积达到了222万亩,约占全国葡萄种植总面积的1/4,年产值超过了100亿元,葡萄成为很多农民的发家致富果。

第一节 目前南方主栽的品种

1. 夏黑

欧美杂交种,无核早熟,生长势和发枝力极强。果穗多为圆锥形,平均穗重600g。果粒近圆形,呈紫黑色到蓝黑色,如图1-1所示,自然果单粒重3g左右,经赤霉素处理穗粒重可达8~10g。果皮厚而脆,果粉厚。果肉硬脆,味甜,可溶性固形物含量为18%~23%,采后易落粒。露地栽培应注意防治黑痘病、霜霉病、白腐病,设施栽培应注意防治灰霉病。

图1-1 夏黑

2. 醉金香

欧美杂交种,属早中熟品种。果穗为圆锥形,穗重500～1000g。果粒为卵圆形,成熟时果面金黄色,单粒重8～13g,如图1-2所示。果皮薄,与果肉易分离。果实具有浓郁的茉莉香味,肉质软硬适度,可溶性固形物含量为18%～21%,品质佳,但未完全成熟或经膨大剂处理的果实皮带涩味。生长势、发枝力中等偏强,抗病性较强,果实易日灼。采收期长,延长至中秋、国庆节采收则品质更好。露地、设施均可栽培,台风多发地区以设施促成栽培为宜。

3. 维多利亚

欧亚种,早熟品种。果穗为长圆锥形或圆柱形,穗重500～750g。果粒为圆形或卵圆形,粒重9～10g。果皮中厚,黄绿色,如图1-3所示。果肉硬脆,味甜爽口,可溶性固形物含量为12%～16%,含酸量低,品质中上。生长势中等偏弱,发枝力较强,花芽分化好,抗病性较弱。需设施栽培,成熟期间注意适当控水,可防裂果和提高品质。

4. 藤稔

欧美杂交种,属中熟品种。果穗圆锥形,穗重500～600g。果粒椭圆形,成熟时果面为紫红色,单粒重12～13g,对激素敏感易获大果粒,如图1-4所示。果皮中厚,果汁多,果肉偏软,可溶性固形物含量为14%～16%,品质较好。生长势偏弱,花芽易分化且节位较低,丰产稳产性较好。抗霜霉病能力较强,但易感灰霉病,易裂果。露地、设施均可栽培。

5. 巨峰

欧美杂交种,属中熟品种。果穗为圆锥形带副穗,穗中等大,平均穗重400g。果粒较大,椭圆形,紫红至紫黑色,粒重8～10g,如图1-5所示。果粉厚,果皮较厚且韧,有涩味。果肉软,有肉囊,汁多,味酸甜,可溶性固形物含量在16%以上,应适时采收(过熟果肉会回糖和软化)。生长势强,花芽易分化且节位较低,丰产稳产性较好,抗病性较强。露地、设施均可栽培,栽培适宜先密后稀。

图1-2 醉金香   图1-3 维多利亚

图1-4 藤稔

图1-5 巨峰

6. 鄞红

欧美杂交种，属中熟品种，又名甬优1号。果穗圆锥形，穗重500～700g。果粒椭圆形，单粒重10～11g，如图1-6所示。果皮紫红至紫黑色，果皮厚韧，与果肉易分离。果实着色整齐、均匀，果肉硬，商品性、贮运性好。可溶性固形物含量为17%～19%，生长势、发枝力强。花芽易形成，丰产稳产性好，抗病性较强。适合设施栽培，一般要保果。

7. 红富士

欧美杂交种，属晚熟品种。果穗圆锥形，穗重500～700g。果粒倒卵圆形，单粒重8～9g，如图1-7所示。果皮为黄绿至粉红色，果皮较薄，果汁多，果肉较软，草莓香味浓，可溶性固形物含量为16%～20%，品质佳，不裂果。生长势强，花芽易分化且节位较低，丰产稳产性较好，抗病性较强。露地、设施均可栽培，适宜先密植后稀植的栽培。

图1-6 鄞红

图1-7 红富士

8. 红地球

欧亚种，属晚熟品种，又名晚红、红提。果穗为长圆锥形，穗重800～1000g。果粒圆形或卵圆形，粒重12～15g，如图1-8所示。果皮中厚，粉红色至暗紫色。果肉硬脆，味甜，可溶性固形物含量为15%～17%。生长势、发枝力随树龄增长而逐渐增强，花芽分化不稳定，抗病性较弱，果实易日灼。需设施栽培。

9. 美人指

欧亚种，属晚熟品种。果穗为长圆锥形，穗重600～1500g。果粒长形，先端为艳玫瑰红色，粒重8～10g，如图1-9所示。果皮薄而有韧性，不易裂果，果肉细脆，口味甜美鲜脆，可溶性固形物含量为15%～17%。生长势旺，发枝力强，花芽分化不稳定。抗霜霉病、白腐病能力弱，果实易日灼、气灼。需设施栽培和稀植，连续阴雨转高温的天气需防日灼病、气灼病。

图1-8　红地球

图1-9　美人指

10. 白罗莎里奥

欧亚种，晚熟品种。果穗圆锥形，穗重600～1000g。果粒椭圆形，粒重8～10g，如图1-10所示。果皮薄，黄绿色，果粉厚。果肉绿黄色，味鲜甜，可溶性固形物含量为18.0%～20.5%。生长势、发枝力中等，花芽易分化，丰产稳产性好。除较易感染白粉病外，对其他病害的抗病性较强。需设施栽培。

图1-10　白罗莎里奥

第二节　适宜南方省力化栽培的前景品种

1. 碧香无核

属早熟品种。果穗为长圆锥形，穗重400～750g。果粒近圆形，自然无籽或软籽，自然粒重3～5g，不裂果，不落粒。果皮中厚，黄绿色，如图1-11所示。可溶性固形物含量为18%～25%，具浓郁玫瑰香味，肉脆，品质极佳，含酸量低，果实转色即可食用。生长势、发枝力强,但易遭蚜虫危害。耐高温高湿,抗病性好。在浙江台州地区进行"三膜"覆盖促早栽培则5月中下旬开始成熟。适宜设施促成栽培。

2. 寒香蜜

欧美杂交种,自然无核,早熟品种。果穗圆锥形,单穗重300~500g。果粒圆形,单粒重3~5g,如图1-12所示。果皮黄绿色至粉红色,较厚。果粉中等厚,果肉软而多汁,含糖量为18%~25%,醇香味浓,风味独特。生长势、发枝力极强,抗病力较其他无核品种强。露地、设施均可栽培。在浙江嘉兴地区采用设施促成栽培6月底即可上市,花前拉花序后基本不需疏果,是一个适宜省力化栽培的高品质品种。

图1-11 碧香无核　　　　　　　　　图1-12 寒香蜜

3. 火焰无核

欧亚种,自然无核,早熟品种。果穗为长圆锥形,穗重400~500g。果粒圆形,自然粒重3~5g,不裂果、不落粒。果皮薄,果皮鲜红或紫红色,如图1-13所示。可溶性固形物含量为16%~19%,含酸量为0.45%,果肉硬脆,果汁中多,品质极佳。生长势、发枝力强,但易遭蚜虫危害。耐高温高湿,抗病性较好。

4. 早甜

欧美杂交种,早中熟品种,如图1-14所示。果穗圆锥形,穗重500~700g。果粒大,呈椭圆形,无核处理后为圆形或卵圆形,自然平均单粒重10.4g,良好栽培的单粒重12g,在保果、疏果条件下的平均粒重为13.9g。果皮中厚,紫红(黑)色,果粉厚,果肉稍脆,果汁中多,可溶性固形物含量为16%~18%,含酸量为0.52%,略带香味,每果粒内多为1粒种子,品质优。生长势、发枝力强,花芽易分化且节位低,丰产稳产性好,抗病性较强,采收期长,延长至中秋、国庆节采收则品质更好。露地、设施均可栽培,浙江省以设施栽培为好。

5. 玉手指

欧美杂交种,中熟偏早品种,又名金手指优株,如图1-15所示。果穗为长圆锥形,中等大,松紧适度,平均穗重485.6g,最大可达727.1g。果粒为长形至弯形,果形指数2.7(高于金手指的0.5),黄绿色,充分成熟时为金黄色,果粉厚,果皮薄,不易剥离,粒重6~8g,不易裂果、落粒。可溶性固形物含量18%~23%,果实鲜甜,含酸量为0.34%,有浓郁的冰糖、奶油香味,品质极佳。每果粒多含种子1~2粒。成熟期较金手指早一周。外观美,商品性好,花芽分化好,产量较金手指高,且丰产稳产,亩产量达1500~1750kg。

自然坐果适宜则基本不需疏花疏果,是一个适宜省力化栽培的品种。易遭绿盲蝽危害,抗黑痘病、霜霉病的能力较弱。在台风多发地区适宜多膜覆盖设施促早栽培,无台风地区小环棚避雨栽培即可。

6. 巨玫瑰

欧美杂交种,中熟品种,如图1-16所示。果穗圆锥形,穗形好,穗重400～600g。果粒椭圆形,单粒重8～9g,无核化栽培中果粒重达10～11g。果皮紫红色,果皮中厚,果肉软而多汁。果肉风味浓甜,具浓郁玫瑰香味,可溶性固形物含量为18%～22%,品质佳,不裂果,每粒含种子1～2粒。需适时采收,过熟回糖则香味变淡。生长势、发枝力较强,丰产性好,但易缺镁而叶早衰,需控亩产在1000～1250kg。浙江金华采用促成加无核化栽培则7月中旬即可上市,适合设施栽培。不能随便用砧木嫁接否则会影响品质。

图1-13　火焰无核

图1-14　早甜

图1-15　玉手指

图1-16　巨玫瑰

7. 金田0608

欧亚种,中晚熟品种,如图1-17所示。果穗圆锥形,穗重600～750g。果粒鸡心形,粒重8g左右,果皮中厚,为紫黑色且着色一致,不裂果,不落粒,果肉较脆,可溶性固形物含量为16%～18%,具清香,品质上佳。采收期自8月底至9月下旬。生长势中等,花芽分化容易,连年稳产性好。耐高温高湿,抗病性较其他同期同类成熟的好。需设施栽培及疏果。

8. 红亚历山大

欧亚种,中熟品种,如图1-18所示。果穗圆锥形或圆柱形,穗重600～1000g。果粒椭圆形,粒重6～8g,果皮中厚,为粉红至玫瑰红色,易剥皮,不裂果,不落粒,肉较脆而汁多,可溶性固形物含量为18%～22%,具纯而浓郁的玫瑰香味,每粒含种子2～3粒,品质极佳。采收期自8月至11月上旬。生长势中等,花芽分化容易。花前拉长花序后整穗,基本不用疏果,耐高温高湿,抗病性较其他同期同类成熟的好。易遭鸟害,适宜设施栽培。

9. 红宝石无核

欧亚种,自然无核,晚熟,如图1-19所示。果穗长圆锥形,有歧肩,平均穗重600～700g,最大穗重1500g。果粒椭圆形,粒重5g左右。果皮为宝石红色,果肉为浅黄绿色,半透明肉质。味脆甜,可溶性固形物含量为17%～20%。生长势旺、发枝力强,抗黑痘病、霜霉病能力弱,果穗易感白腐病。成熟期水分供应不匀易裂果,丰产稳产性好。栽后第一年就需设施栽培,浙江及南方地区应使用氨基酸系列叶面肥促进着色。

10. 新雅

欧亚种,晚熟品种,又名SP2334,如图1-20所示。植株生长势旺,易成花。果穗长圆锥形,果穗紧密度中等,松紧适度,美观,平均穗重700g,果粒成熟一致,果梗与果粒难分离。果粒呈长椭圆形,皮色为浅玫瑰红至紫红,果粉厚度适中,果粒平均重量10g,种子充分发育,每个果粒含种子2粒。果皮薄,无涩味,果肉颜色极浅,汁液中等,质地脆,可溶性固形物含量为16%～18%,口感好。在浙江海宁地区,3月下旬萌芽,4月下旬开花,8月下旬浆果成熟,从萌芽到浆果成熟需160d。树体挂果时间长,可延后栽培至11月采收。不易落粒,商品性好。

图1-17 金田0608

图1-18 红亚历山大

图1-19 红宝石无核

图1-20 新雅

第二章 环境选择

第一节 生态环境

葡萄属暖温带植物,温度对葡萄生长、结果起主导作用。葡萄进入自然休眠后,需要经7.2℃以下1000h左右的低温积累才能解除休眠,如主栽品种夏黑、藤稔、巨峰、巨玫瑰、红地球分别需861h、958h、1246h、1102h、762h才能自然解除休眠。气温达到7~10℃时,葡萄根系开始活动,10~12℃时开始萌芽,葡萄新梢生长、开花、结果和花芽分化的适宜温度为25~30℃。如开花期间遭遇低于15℃的低温或高于30℃的高温天气,则葡萄开花、授粉受精不良。

降雨量对葡萄的生长和发育的影响较大。降雨量过多会严重影响葡萄的产量和品质,尤其在南方,如长三角的浙江、江苏、上海,年降雨量在1100~1500mm,降雨在6月至7月上中旬梅雨期与7~8月台风带来强降雨这两个阶段比较集中,加上春季阴雨天气加重了葡萄栽培的难度。

葡萄是喜光作物。在葡萄的生长季节,充足的光照使葡萄花芽分化良好,葡萄新梢粗壮,叶片肥厚而浓绿,坐果率高(如巨峰系欧美种花期花序光照足的坐果好),果实着色良好,特别是对光敏感的欧洲种葡萄,只有在阳光直射条件下才能着色正常。相反,长期的阴雨天气,光照不足,光合产物少,葡萄叶片薄而黄绿,新梢徒长或细弱,花芽分化不良,常产生单性果以及落花落果严重,新梢不能充分成熟,易发生冻害。

优质安全葡萄的种植需选择生态环境良好的生产区域,远离污染源。污染物限量应控制在允许的范围内,建园前应对产地的空气、土壤、水源质量进行抽样检测。葡萄种植对环境空气质量要求、灌溉水质量要求和土壤质量要求分别如表2-1~表2-3所示。

表2-1 环境空气质量要求

项 目		浓度限值	
		日平均	1h平均
总悬浮颗粒物(标准状态)(mg/m³)	≤	0.30	—
二氧化硫(标准状态)(mg/m³)	≤	0.15	0.50

（续表）

项 目		浓度限值	
		日平均	1h平均
二氧化氮（标准状态）（mg/m³） ≤		0.12	0.24
氟化物（标准状态）（μg/m³） ≤		7	20

注：日平均指任何1d的平均浓度；1h平均指任何1h的平均浓度。数据来源：无公害葡萄 鲜食葡萄产地环境（NY 5087—2002）。

表2-2 灌溉水质量要求

项 目		浓度限值
pH值		5.5～8.5
总汞（mg/L）	≤	0.001
总镉（mg/L）	≤	0.005
总砷（mg/L）	≤	0.1
总铅（mg/L）	≤	0.1
挥发酚（mg/L）	≤	1.0
氰化物（以CN⁻计）（mg/L）	≤	0.5
石油类（mg/L）	≤	1.0

数据来源：无公害葡萄 鲜食葡萄产地环境（NY 5087—2002）。

表2-3 土壤质量要求

项 目		含量限值		
		pH<6.5	pH6.5～7.5	pH>7.5
总镉（mg/kg）	≤	0.30	0.30	0.60
总汞（mg/kg）	≤	0.30	0.50	1.0
总砷（mg/kg）	≤	40	30	25
总铅（mg/kg）	≤	250	300	350
总铬（mg/kg）	≤	150	200	250
总铜（mg/kg）	≤		400	

数据来源：无公害葡萄 鲜食葡萄产地环境（NY 5087—2002）。

第二节　园地环境

葡萄园的选址要充分考虑葡萄对当地环境的适应性。即便葡萄对各种环境条件具有很强的适应性,但环境条件对葡萄的生长发育和果实品质有着重要影响,所以发展葡萄生产时,首先要考虑到当地的生态条件,主要是温度、降水量、光照、土壤以及风、霜、冻等,如图2-1所示。

图2-1　建园

1. 温度

温度不但决定葡萄物候期的长短及通过某个物候期的速度,而且还在葡萄产量品质的影响因子中起主导作用。葡萄属于喜温植物,不同成熟期的葡萄品种对有效积温(≥10℃日均温的累积值)的要求有所差异,早熟品种需2100～2500℃,中熟品种如玫瑰香、巨峰等需要2900～3300℃,晚熟品种如红地球等需要3300～3700℃,极晚熟品种需要3700℃以上。

葡萄在不同生长发育时期对温度的要求不同。当春季气温达到7～10℃时,葡萄根系开始活动,温度达到10～12℃时开始萌芽,低于10℃时新梢不能正常生长,低于14℃时葡萄不能正常开花和授粉受精,子房大量脱落,葡萄生长和结果最适宜的温度为20～25℃。葡萄成熟的最适温度是28～32℃,在这样的条件下,有利于浆果的糖分积累和有机酸的分解。昼夜温差对葡萄养分积累有很大的影响,温差大则浆果含糖量高,品质好,温差大于10℃时,果实含糖量显著提高。当温度低于14℃,果实不能正常成熟;高于35℃时,呼吸强度大,营养消耗过多,浆果内含物的生化过程受阻,品质下降;当温度高于40℃时,新梢生长受到抑制,代谢活动严重受阻,叶片变黄。在南方炎热的夏季红地球等红色类型的葡萄果实着色受到高温抑制。

2. 水分

葡萄在不同发育期对水分的需要不同,年降水量在350～1500mm的地区都能栽培葡萄。水分对葡萄生长和果实品质有很大的影响。在葡萄生长期,如土壤过分干旱,根系难以从土壤中吸收水分,葡萄叶片光合作用速率低,制造养分少,常导致植株生长量不足,易出现老叶黄化,甚至植株凋萎死亡;萌芽和新梢快速生长期,水分充足则生长速度快,有利于新梢生长和叶面积的扩大。因此,在早春葡萄萌芽、新梢生长、幼果膨大期要求有充足的水分供应,使土壤含水量达70%左右为宜。葡萄开花前后,水分多不利于花芽分化和开花坐果。在葡萄开花期,如果天气连续阴雨低温,就会阻碍正常开花授粉,引起幼果脱落,同时湿度大会有利于灰霉病、霜霉病等真菌病害的大量发生,因此开花前的适当干旱可抑制新梢生长,有利开花坐果。果实成熟期雨水过多或不匀,会引起葡萄果实糖分降低,出现裂果,含酸量高,着色不良,严重影响果实品质,同时新梢易徒长不易成熟,因此果实成熟期的适当控水,可促进果实的成熟和品质提高。

3. 光照

葡萄是喜光植物,对光反应敏感。在充足的光照条件下,葡萄植株生长健壮,叶色绿,叶片厚,光合效能高,花芽分化好,枝蔓中有机养分积累多。如果光照不足,新梢徒长节间细而长,叶片黄而薄,花器发育不良,花序短小瘦弱,花蕾小,落花落果严重,果实品质差,枝蔓不能正常成熟,越冬时,枝芽易受冻而干枯。

4. 土壤

葡萄适应性较强,对土壤条件要求不严格,可以在钙质土、微酸性土壤以及低盐碱等各种性质的土壤上种植,也可以在砾质、黏土、壤土以及砂性土等各种类型的土壤上栽培,但是不同的土壤条件对葡萄的生长和结果影响不一。如砂质土壤的通透性强,土壤有机质缺乏,保水保肥力差;黏土的通透性差,易板结。葡萄一般种植在土壤耕作层厚度为40cm以上,土壤有机质含量1%以上,pH值为6~7.5的地区生长结果较好。南方丘陵山地的黄红壤土pH值低于5时,对葡萄生长发育有影响;沿海地区海涂围垦地的pH值高于8时,植株易产生缺铁黄化。因此,要重视土壤改良措施,增施有机肥和套种绿肥或豆类。对酸性土施生石灰,碱性土用石膏加以调节土壤的酸碱度,提高土壤中的微生物活动和有机质的含量。

第三章　南方葡萄种苗的繁育

葡萄育苗应选择地势平坦、土壤肥沃、水源充足、排灌方便、通透性好的地块。育苗地应规划出母本区、繁殖区和轮作区,同一地块育苗最好不超过2年即需水旱轮作。露天育苗和大棚育苗分别如图3-1和图3-2所示。

图3-1　露天育苗

图3-2　大棚育苗

第一节　自根苗繁育

1. 硬枝扦插育苗

（1）插条的选取。选择品种纯正、优良健壮、无病虫害的丰产期植株枝条,保证其冬芽饱满、节间长短适中、髓心小且充分成熟。将枝条剪成50～60cm长,去掉卷须、副梢或果柄,按50～100条一捆,分别在两头捆绑,系上品名标签,将其存放贮藏,如图3-3所示。最佳贮藏温度为0～2℃,尽量不低于-4℃或超过8℃,相对湿度在80%以上。贮藏方法有沟藏、窖藏和冷库贮藏三种。贮藏至第二年春即可使用。

（2）插条的准备。扦插前将种条取出,截成2～3芽插条,插条上端在芽以上1～2cm处平剪,下端在芽以下1cm处斜剪成马蹄形。剪后每30～50

图3-3　选取插条

根捆成一捆。在水中浸泡约24h,使其充分吸水,以备扦插。如有多个品种,则需拴上品种标签。

（3）插条催根。用乙醇溶解萘乙酸或吲哚丁酸,加水稀释成50～100mg/kg。把经水浸泡后的种条基部理齐,药液浸没插条基部3～5cm,浸泡2～12h。也可将ABT生根粉用乙醇溶解后,加水稀释至100～200mg/kg,浸泡插条基部2～8h,如图3-4所示。

图3-4　插条催根

（4）插条贮藏。插条需贮藏在房间内。先在底部平铺一层5～10cm厚的湿河沙（或锯末）,将成捆的葡萄插条拴上两个标签,写清品种名称、来源及数量,然后一捆挨一捆横放在湿沙（或锯末）上。在种条捆与捆之间及插条与插条之间,都要用湿沙（或锯末）填满缝隙,品种间要有间隔。每排摆放2～4层,上部盖满湿沙（或锯末）,每排的间距20～30cm,过干时应及时补水。盖上塑料薄膜。经过一段时间插条基部即可形成愈伤组织,生出白色幼根。

（5）整地。在选好的育苗地,按每667m²施腐熟有机肥4000kg（或者每667m²施商品有机肥8包、进口氮磷钾复合肥50kg、杀地下害虫药剂2kg）,翻入25cm左右土层,整碎,耙平做垄,垄宽90～100cm,沟宽25～30cm,沟深25～30cm。露地育苗待雨后土壤湿透后,往大棚育苗沟灌水,大棚葡萄新建园内利用空间育苗,滴管灌水,畦面湿透后,覆黑色地膜。

（6）扦插。露天或育苗大棚内,采用每垄4行扦插苗;大棚葡萄新建园内利用空间育苗的畦边插2～3条,每垄行距25～30cm,株距12～15cm。在3月10日左右（待地膜下20cm土层的温度达10℃左右时）开始扦插。先用扎孔器按一定株距扎好插条孔,扦插时将顶芽统一朝南或向采光面扦插,用沙土封孔。

（7）扦插苗管理。如图3-5所示。

图3-5　扦插苗管理

①芽梢的管理。扦条长出芽后,及时抹芽,每株小苗选留一条健壮的新梢,新梢长到25～30cm时,要及时插竹竿或拉细绳引绑。当苗高8～10叶或30～40cm时,对苗木主梢及时进行摘心,顶部1～2个副梢留2片叶反复摘心,其余副梢全部摘除,促进苗木加粗和枝条成熟。对卷须要及时去除。

②去杂留纯。当扦条新梢长至8～10叶时结合摘心,根据葡萄的不同品种特征特性,看其新梢和幼叶及时辨别杂苗,待认出杂苗后,一般连根拔除,而对珍贵的品种则挂牌做好标记。若大面积苗圃中有若干个品种,应以地签标记插于不同品

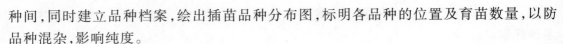

种间,同时建立品种档案,绘出插苗品种分布图,标明各品种的位置及育苗数量,以防品种混杂,影响纯度。

③适时追肥。当80%的苗新梢长至5叶时,一般已成活且生根,用0.3%尿素或0.2%磷酸二氢钾根外追肥,每7d追肥一次;结合病虫害防治喷含有微量元素的促进生根的叶面肥,促进苗木根系发达、枝条健壮。

④防草害。对从黑地膜的小孔中长出的杂草及时进行人工拔除,越小越好拔,以免影响插条的生长及拔大草时松动葡萄小苗的根。对沟边的小杂草及时用除草剂喷头戴帽除草。

⑤防病虫害。露地育苗主要易发生黑痘病、霜霉病等病害和叶蝉、白粉虱、斜纹夜蛾等虫害。霜霉病发生前可用大生、喹啉酮等保护剂预防,发病后用烯酰吗啉等治疗剂治疗。黑痘病发病前可用大生等保护剂预防,发病后用杜邦福星等相关治疗剂防治。叶蝉、白粉虱等虫害可用高效氯氟氰菊酯等相关杀虫剂防治。斜纹夜蛾等虫害可用甲氨基阿维菌素苯甲酸盐等相关杀虫剂防治。大棚内育苗或新建园育苗主要易发生白粉病、霜霉病、红蜘蛛、叶蝉、天蛾等病虫害。白粉病用乙密酚或苯醚菌酯等,红蜘蛛用阿维菌素、哒螨灵或螨威或阿立卡等。易感染黑痘病、霜霉病的品种如欧美种的'玉手指'、欧亚种最好采用设施育苗。

⑥水分管理。雨天沟里不积水,沟露白时要灌水。梅雨天及时排水,干旱季节适时灌水。

2. 绿枝扦插

(1)插条采集。采集插条于早晨进行,剪取半木质化、生长良好的健壮新梢或副梢,50~100根一捆,置于水中,防叶片萎蔫和枝条失水,快速送往育苗基地。将枝条剪成15~20cm长小段,插穗顶端于芽上1.5cm处留一叶平剪,其他叶片连同叶柄及卷须一并剪掉,下端斜剪成马蹄形。30根捆成一捆,做好品种标记。

(2)插条催根。用乙醇溶解萘乙酸、吲哚丁酸或ABT生根粉,加水稀释成100mg/kg。把经水浸泡后的种条基部理齐,药液浸没插条基部约3cm,在20~25℃、相对湿度为85%~90%的环境下浸泡4~8h。

(3)扦插与管理。扦插株行距10cm×12cm,深度以芽露出地面1cm为宜。扦插后需充分洒水并扣塑料拱棚,棚外遮阴,使光照为自然光的30%~50%。控制苗床温湿度,最适温度为25~28℃,相对湿度为90%。扦插后两周左右生根,成活率可达85%~100%。

扦插苗成活后,及时转入田间常规管理,前期每两周喷布一次0.1%尿素和磷酸二氢钾,7月上旬可土施尿素及磷酸二氢钾,每亩20~30kg,以促进枝条成熟,提高抗病力。8月下旬控肥控水,防止幼苗徒长,促使苗木老化。

每株保留一个健壮新梢,新梢长至25~30cm时及时插竹竿或拉细铁丝引绑。并及时严格控制副梢,苗高40~50cm时摘心,促进枝条粗壮和枝蔓成熟。

第二节 嫁接苗繁育

葡萄在世界果品生产中占有重要地位,中国已成为世界第一鲜食葡萄生产大国。利用砧木进行葡萄的嫁接栽培,可增强抗性,已成为目前保证葡萄稳产优质的重要技术措施。有关葡萄砧木嫁接的研究发现,利用砧木能够预防葡萄根瘤蚜、根结线虫等危害,提高适应干旱、涝渍、盐碱等逆境的能力,调节接穗生长发育,对产量、果实品质、成熟期等方面均有影响。不同砧木嫁接红亚历山大果实表现,如图3-6所示。

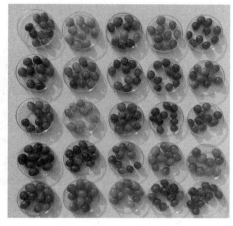

图3-6 不同砧木嫁接红亚历山大果实表现

1. 绿枝嫁接

（1）砧木选择与扦插。根据建园地区的气候和土壤条件,选用贝达、SO4、华佳8号、5BB等合适的砧木品种,种条的采集准备、插条剪截、扦插前处理同上述硬枝扦插。扦插后加强肥水管理,用0.1%～0.3%尿素或磷酸二氢钾进行叶面喷施5～6次。砧木与接穗的相互作用是一个相对复杂的过程,同一砧木和接穗在不同地区的表现可能会差别很大,程建徽等（2009）研究发现砧木SO4、5BB、贝达、华佳8号、5C与Macadams等砧木适宜在浙北平原水网地区生态环境下生长,其中SO4、5BB高抗根瘤蚜,是平原水网地区抗根瘤蚜的优良多抗性砧木。因此,不同品种的砧穗组合不能选配随意,需要根据品种基因型、气候区域条件的实际需要进行系统试验后再进行选择。

（2）嫁接时间。在砧木和接穗均达到半木质化时开始嫁接为宜,浙江地区以4月下旬至6月上旬为好。雨天或露水未干时不宜嫁接。

（3）接穗采集。接穗从品种纯正、生长健壮、无病虫害的植株上采集,可与夏季修剪时的疏枝、摘心、除副梢等工作结合进行。最好在苗圃附近采取接穗,随剪随接,成活率高。外地采集的接穗要及时将剪下的绿枝叶片去掉,用湿毛巾包好,快速运到目的地嫁接。接穗过多时,要将多余的接穗放入4～6℃冰箱保存,或将基部2～3cm插入水中保湿。

（4）嫁接方法。采用劈枝嫁接方法。首先选择半木质化的绿枝接穗,芽眼最好利用刚萌发而未吐叶的夏芽,这样嫁接后成活率高,生长快。如夏芽已长出3～4片叶,则去掉副梢,利用冬芽。冬芽萌发慢,但萌发后生长又快又粗壮。砧、穗枝条的粗度和成熟度一致,则成活率高。

嫁接前先将接穗的绿枝用锋利的芽接刀在每个接芽节间断开,芽上留1～2cm,放在水盆中保存。嫁接时,砧木留3～4片叶子,除掉芽眼,将上面部分截断,将断面中间垂直劈开,切口长2.5～3cm。选与砧木粗细和成熟度相近的接穗,在芽的下方0.5cm左右,从两侧向下削成长2.5～3cm的楔形斜面,斜面刀口要平滑。削好的接穗马上插入砧木的切口中,使两者的形成层对齐,接穗斜面上部要露白1mm。然后用1～1.5cm宽的薄塑料条,从砧木接口下边向上缠绕,只将接芽露出外边,一直缠到接穗的上刀口,封严后再缠回下边打个活结即可。如果绿枝嫁接时间较早,气温偏低,则在缠完塑料条后,再套小塑料袋增温、保湿,以提高成活率。嫁接后,及时灌透水,一周内保持土壤水分充足,地面潮湿。劈枝嫁接的各个步骤如图3-7～图3-11所示。

图3-7　砧木处理

图3-8　采取接穗

图3-9　削接穗

图3-10　切开砧木,插入接穗

图3-11　塑料条绑扎

　(5)嫁接苗的田间管理。绿枝嫁接后要做好砧木除萌和病害防治工作。嫁接后一周内保持土壤水分充足,地表面潮湿;及时、反复多次除掉砧木上的萌蘖,集中营养,促进接芽萌发和生长,如图3-12和图3-13所示。

图3-12 嫁接一周后接芽萌发

图3-13 抹除嫁接口以下萌发的副梢

接芽抽生的新梢长到25～30cm时,要插根竹竿或树条,或拉细铁丝或绳及时引绑,且随着新梢的延长而不断地引绑,以防着地感病和折断,如图3-14和图3-15所示。每株小苗只留一条新梢,新梢长至9～10叶时留8叶摘心,顶副梢留2～3根,其下副梢全抹除。顶副梢长至3～4叶时留两叶反复摘心。生长后期(8月末到9月中旬)在新梢顶部摘心,促进枝条加粗和成熟。

图3-14 竹竿固定

图3-15 拉绳引绑

在6～7月份追施氮肥尿素各一次,每次每亩用量为15kg,追后灌水。8月份追施磷、钾肥,叶片喷施0.3%的磷酸二氢钾或根施其他磷钾肥,每亩15～20kg。

生长季节要经常(3～5次)除草和灌水,保持土壤疏松。苗木要引绑直立,保持通风透光良好,以利苗木健壮生长,提高质量,如图3-16所示。

病虫害防治应以预防为主。在嫁接前后、5月上旬开始,每隔10～15d喷1:0.5:200倍的波尔多液防病。一旦发生病虫害,可按病虫种类选择用药并及时喷洒消灭,使小苗健康生长。

2. 硬枝嫁接

利用葡萄优良品种冬剪下来的成熟休眠枝为接穗,嫁接在抗性砧木硬枝段上称为硬枝嫁接,所得的苗木为硬枝嫁接苗,在南方硬枝嫁接育苗还包含了硬枝嫁接绿枝育苗,如图3-17所示。硬枝嫁接所用的砧木宜选择适合本地区的品种。

图 3-16　嫁接苗苗圃

图 3-17　硬枝嫁接绿枝

（1）砧木及接穗的采集、冬贮。葡萄嫁接用的品种接穗及砧木，应选择生长健壮、无病虫害和成熟充实的枝条。冬季砧木和品种接穗休眠条的贮藏方法与品种扦插种条的相同。

（2）砧木及接穗的剪截。选粗度相近的枝条，用清水浸泡24h充分吸水后剪截。一般在接穗饱满芽的上方1～2cm处剪截，在芽的下方4～5cm处平剪。砧木枝条在顶芽的上方4～5cm处平剪，下端在砧木节附近1cm左右处剪截，剪成长15～20cm的砧段。然后用切接刀在砧木中心垂直向下劈开，切口深3～4cm，并将砧木的上芽眼抠掉。再用切接刀在接穗芽下0.5～1cm的两侧向下削成楔形，要求斜面光滑、平直。

（3）嫁接。采用劈接方法。将削好的接穗至少一边的形成层与砧木形成层对齐插入砧木的切口内。接穗削面在砧木劈口上露出1～2mm，称为露白，有利于形成愈伤组织。然后用宽1～1.5cm、长20cm左右的塑料条，从砧木切口的下方向上螺旋式缠绕，将接口缠紧封严，如图3-18所示。

（4）愈合处理。为使嫁接后的接口尽快形成愈伤组织，促进接口愈合，使砧穗长成一体，需要将硬枝嫁接好的接条进行愈合处理。愈合适宜温度为15～28℃，空气相对湿度为80%左右，经15～20d即可愈合，部分插条基部已生出幼根。嫁接后的插条在温床上一排排斜着摆放，接口在一个水平位置，并用湿锯末盖好保温，其接穗顶芽外露，然后进行接口愈合和催根处理，如图3-19所示。当接口愈合后，将温度降至15℃左右，锻炼3～4d后即可插入田间。

图 3-18　硬枝嫁接硬枝

图 3-19　愈合催根

图片来源：严大义. 红地球葡萄.北京：中国农业出版社,2011.

（5）嫁接苗的田间管理。新梢长至10cm以上时，每隔5～7d用0.1%～0.3%尿素进行叶面喷施，追施氮肥尿素各1次，每次每亩用量为15kg，追后灌水；8月份追施磷、钾肥，叶片喷施0.3%的磷酸二氢钾或根施其他磷钾肥，每亩15～20kg。生长季节要经常（3～5次）除草和灌水，保持土壤疏松。新梢长至40cm以上需及时搭架。

第三节 苗 木 分 级

1. 起苗出圃

11月中下旬叶片自然脱落后可以开始起苗。起苗出圃时，首先做好苗木的品种、数量调查，拴好标牌，防止混杂。如果苗圃土壤干燥，可事先灌一次水，便于挖苗和减少根系损伤。挖苗后可将根系上附着的土轻轻抖散，注意尽量多地保留支根和须根，减少根系损伤，如图3-20所示。

图3-20 起苗出圃

2. 苗木分级

挖苗后立即根据苗木质量要求对苗木进行整理和分级。不同品种苗木的生长强弱有所差异，因此苗木分级和规格标准可能有所不同，但对优良的苗木来说，必须是品种纯正、枝条健壮、根系发达、无损伤和病虫为害的。对于嫁接苗来说，除以上各项标准外，接合部应愈合良好。南方葡萄苗木的出圃分级标准可参照表3-1。

表3-1 葡萄一年生苗木质量分级标准

项 目			等 级		
			特级	一级	二级
扦插苗	根系	侧根数（条）	≥5	≥4	≥4
		侧根长度（cm）	≥20	≥15	≤15
		侧根粗度（cm）	≥0.3	≥0.2	≥0.2
		侧根分布	均匀、舒展	均匀、舒展	均匀、舒展
	枝干	基部粗度（cm）	≥0.7	≥0.6	≥0.5
		饱满芽（个）	≥7	≥5	≥5
嫁接苗		砧木高度（cm）	10～15	10～15	10～15
		接口愈合度	愈合良好	愈合良好	愈合良好
		根系	同扦插苗	同扦插苗	同扦插苗
	枝干	硬枝嫁接粗度（cm）	≥0.7	≥0.6	≥0.5
		绿枝嫁接粗度（cm）	≥0.6	≥0.5	≥0.4
		饱满芽（个）	≥5	≥5	≥5

（续表）

项 目	等 级		
	特级	一级	二级
机械损伤	无	无	
检疫性病虫	无	无	

数据来源：钱东南，吴江，钭凌娟，等. 浙江省葡萄苗木繁育技术规范. 中外葡萄与葡萄酒，2015，5：28-31.

3. 捆扎修剪

用包装袋或布条将葡萄苗进行捆扎，每20株包扎为一把，每把包扎两道，根部与头部各一道。苗木高度留6～7个芽眼（嫁接苗从嫁接口上数起）或留30～40cm剪截。剪截后及时按品种分别进行存放，及时挂好标签。

4. 假植

及时将苗木假植在河砂或土壤中（图3-21），苗木根系部分一定要盖上厚15～20cm的细沙或细土，且不能留有空隙，上部露出即可，并对品种苗木安置情况做详细记载，起苗时再次核对。注意在贮存期间预防冻害，观察湿度霉变情况。

图3-21　苗木假植

5. 消毒、包装、调运

苗木运销前要进行消毒，常用3～5°Bé的石硫合剂全株喷洒或浸苗1～3min，然后晾干，用麻袋、尼龙编织袋、纸箱等材料包装苗木，包装内要填充保湿材料，以防失水，并包以塑料膜。每包装单位应附有苗木标签，以便识别。调运外县、省的苗木要开具植物检疫证。

第四章　南方葡萄优质安全省力化栽培

至2010年,南方的葡萄种植面积发展到了222万亩,约占全国葡萄栽培总面积的1/4。浙江的葡萄以鲜食为主,葡萄种植面积与产能扩张迅速,已成为近几年浙江发展最快、效益最好的高效优势树种之一,葡萄种植面积与产量位于南方诸省前列。据统计,2013年浙江葡萄种植面积达到了40.7万亩,总产量约67×10^{4}t,产值约28亿元。葡萄生产是一种劳动高强度、密集型的种植产业,当前人力成本的大幅度上涨和人力资源的紧缺,已成为制约葡萄产业进一步发展的瓶颈。浙江属沿海经济发达省份,经济飞速发展,尤其是兴盛的中小民营企业为农村劳动力的转移提供了广阔的空间,大量的农村剩余劳动力从乡村向城镇转移,从第一产业向二、三产业转移。由于葡萄种植属于劳动和资源密集型产业,其全年用工量相当多,随着近几年农资成本上涨较快,葡萄生产成本也逐年提高,加之我省等长三角地区经济发达,劳动力成本高,仅葡萄疏果一项每亩地的人工费用在2000元左右,种植效益开始下降。因此,在当代科学技术水平与市场形势下,在选育省力化的栽培品种,加快研究易学、易操作、省力简约、节本的优质葡萄生产技术,节约用工成本,不断完善设施葡萄栽培技术,提高葡萄果实品质,走以优质为目标的质量型生产的同时,还要以省力化管理葡萄生产,促进葡萄园的机械化管理、智能化精准管理,降低人力成本,提高土地产出率、资源利用率和劳动生产率,既提高葡萄品质,又降低成本、提高生产效益。

第一节　栽　培　设　施

一、连栋大棚

(1)棚体结构。目前采用的主要有镀锌钢管棚和毛竹棚,分别如图4-1和图4-2所示。棚宽4.8~6m,种两行葡萄。矢高3~3.5m,不宜低于3m,肩高1.8~2m。长度按田块自然长度而定,一般不宜超过60m。连棚数以5连棚为宜,最宽不超过10连棚。连栋大棚的示意图如图4-3和图4-4所示。

(2)棚膜。使用0.06mm(6丝)多功能抗老化膜,顶膜用新膜,围膜可用旧膜。

图4-1 镀锌钢管连栋大棚

图4-2 竹木棚连栋大棚

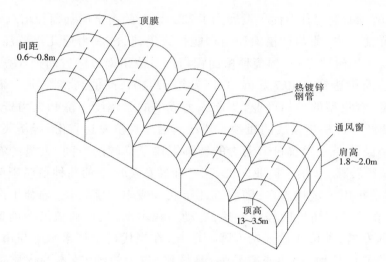

图4-3 连栋大棚示意图1

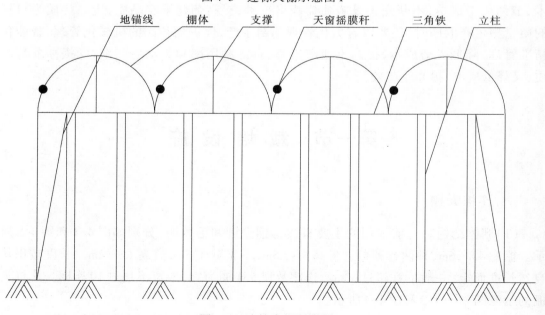

图4-4 连栋大棚示意图2

二、连栋小环棚

（1）棚体结构。一行一个棚,在两棚中间加一行窄的塑膜,棚四周围上围膜将棚全封闭为一个连体大棚。顶高2.3～2.5m,棚宽2.2～2.5m,如图4-5～图4-13所示。

（2）棚膜。一年一换,选择0.03mm（3丝）抗老化膜,重25kg,膜宽2.2～2.5m,长300～330m。围膜可用旧膜。

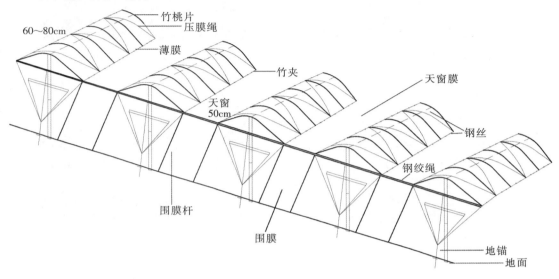

图4-5 简易小环棚示意图

图4-6 竹片式简易小环棚

图4-7 钢管式简易小环棚

图4-8 简易连栋小环棚避雨栽培1

图4-9 简易连栋小环棚避雨栽培2

图 4-10　简易连栋小环棚促成栽培模式 1

图 4-11　简易连栋小环棚促成栽培模式 2

图 4-12　简易连栋小环棚促成栽培模式 3

图 4-13　简易连栋小环棚促成栽培模式 4

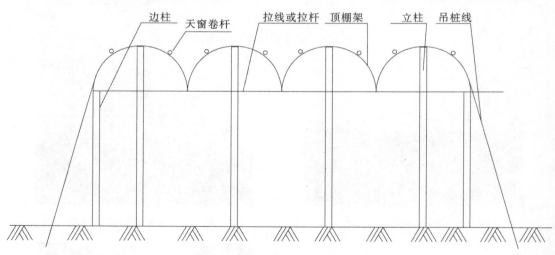

边柱　　天窗卷杆　　　拉线或拉杆　顶棚架　　　立柱　吊桩线

图 4-14　开闭式连栋钢架小环棚

　　开闭式连栋钢架小环棚,利用摇膜杆实现棚温调控(图 4-14～图 4-16),当暴雪、台风等灾害天气来临前可以把棚膜全部卷起,把整个棚打开,提高抗灾能力。

图4-15 开闭式连栋钢架小环棚1
图片来源:张秀清(浙江嘉善魏塘街道科协)提供

图4-16 开闭式连栋钢架小环棚2
图片来源:张秀清(浙江嘉善魏塘街道科协)提供

第二节 栽 培 架 式

一、单十字"飞鸟"形架

单十字"飞鸟"形架由浙江省农业科学院园艺研究所的吴江研究员研制,结构由立柱、一根横梁和6条拉丝组成,如图4-17~图4-19所示。

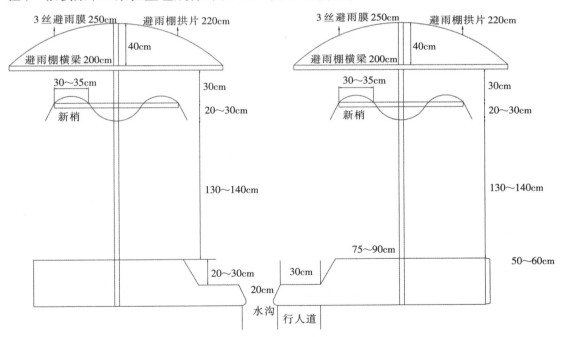

图4-17 单十字"飞鸟"形架结构图

图4-18 单十字"飞鸟"形架叶幕与结果状1　　图4-19 单十字"飞鸟"形架叶幕与结果状2

（1）立柱。柱距4m，大棚或露地栽培的，柱长2.4~2.5m，埋入土中50~60cm（若搭避雨棚，柱高再增加0.4m），柱的规格为8cm×（8~10）cm，纵横距离一致，柱顶成一平面，两头边柱须向外倾斜30°左右，并牵引锚石。

（2）横梁。长度为130~150cm（行距2.5~3m），架于比第一道钢丝高20~30cm处，横梁两头的高低必须一致。

（3）拉丝。第一道拉丝位于立柱高130~140cm处（根据疏花疏果人员的身高确定）；在横梁上离柱30cm和60~70cm处各拉一条拉丝，架面共3道拉丝。

（4）行叶幕间。保持50cm左右的通风透光道。

二、双十字"V"形架

双十字"V"形架由浙江海盐农业科学研究所的杨治元研制，结构由立柱、两根横梁和6条拉丝组成，如图4-20~图4-23所示。

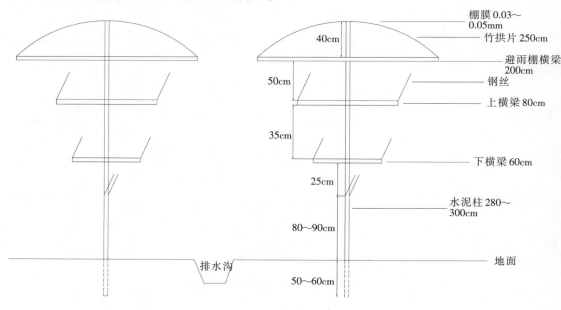

图4-20 双十字"V"形架结构图

图4-21 双十字"V"形架叶幕

图4-22 双十字"V"形架结果状1

图4-23 双十字"V"形架结果状2

（1）立柱。柱距4m左右，大棚或露地栽培的，柱长2.5m，埋入土中60cm，纵横距一致，柱顶成一平面。两头边柱须向外倾斜30°左右，并牵引锚石。

（2）横梁。每根柱架两根横梁。下横梁长60cm，架在离地面110cm（欧美种）或125cm（欧亚种）处；上横梁长80～100cm，架在离地面150cm（欧美种）或165cm（欧亚种）处。两道横梁两头的高低分别一致。

（3）拉丝。离地面85cm（欧美种）或100cm（欧亚种）处，柱两边拉两道拉丝，两道横梁离边5cm处各拉一条拉丝。

三、水平棚架

水平棚架的整个架面由立柱和拉丝组成，拉丝成网格状，形成水平棚架的架面。水平棚架按照不同的整形方式又可分成水平棚星形架、水平棚"X"形架、水平棚"H"形架等（图4-24～图4-28），但水平棚星形架、水平棚"X"形架栽培管理费工，因此基本不采用。棚行用水泥柱（10cm×10cm）间距3m，棚宽用水泥柱（10cm×10cm）间距4.8m。柱长度为2.8～3m，埋入土中0.5m，离畦面1.8m处用两道钢丝束把纵横向的立柱牢固地连在一起。在水泥柱高1.8m处形成一个生长架平面，平面每隔30cm左右拉纵横两道铅丝，组成葡萄生长架面，葡萄架面离棚顶1.8m。四周水泥柱牵引锚石。

图 4-24　水平棚星形架

图 4-25　水平棚"X"形架

图 4-26　水平棚"H"形架 1

图 4-27　水平棚"H"形架 2

图 4-28　水平棚"H"形架 3

第三节　棚 膜 管 理

一、膜的选择

大棚膜按生产原料可分为聚氯乙烯(PVC)棚膜、聚乙烯(PE)棚膜、乙烯-醋酸乙烯共聚物(EVA)棚膜、聚烯烃(PO)棚膜等。长三角等南方地区设施葡萄光照不足,5～8m宽单棚或连栋棚拟采用0.05～0.06mm(即5～6丝)的聚乙烯(PE)和三层共挤(EVA)长寿无摘抗老化保温膜或紫光膜,2.5～3m宽的小环棚可选用0.03mm(即3丝)的膜。大棚主要品种的性能,如表4-1所示。

表4-1 塑料薄膜主要品种性能介绍

棚 膜	性 能
聚氯乙烯(PVC)棚膜	保温性、透光性、耐候性较好,适合用于温室、大棚及中小拱棚的外盖材料,但在低温下易变硬、脆化,高温易软化、松弛。聚氯乙烯棚膜老化回收后不能燃烧处理,否则会产生氯气,污染环境
聚乙烯(PE)棚膜	透光性好,柔软,无毒,适合做各种棚膜、地膜,是现在常用的棚膜类型,根据其使用时间长短及棚膜特性,又分为普通型棚膜、长寿性棚膜、无滴防老化棚膜以及多功能性复合棚膜
乙烯-醋酸乙烯共聚物(EVA)棚膜	具有超强的透光性,透光率在92%以上,防尘性和耐老化性也较强,可连续使用两年以上,且老化后不变形,方便回收,不易造成土壤或环境污染
聚烯烃(PO)棚膜	性能在各种棚膜当中处于领先地位,透明度高、保温性好、使用寿命长,可连续使用三年以上,具有超强的拉伸强度和持续消雾流滴能力,防静电,不粘尘,可适度透过紫外光

数据来源:姜公武,毕一立,于德学. 设施栽培棚膜种类与特点. 新农业,2014,8:24-25。

二、单膜覆盖

选择无风晴天,最好从早上开始覆盖棚膜,盖膜后用大棚压膜线压膜。易受台风影响地区可以改用内外双层压膜网压膜,外加压膜线,两边固定在地桩上,即增强了抗风能力,对大棚架也起到辅助固定作用,如图4-29和图4-30所示。

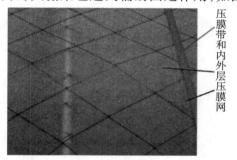

图4-29 使用压膜带和内外层压膜网压膜

图4-30 地桩

图片来源:何圣米(浙江省农科院蔬菜所)提供

三、双天膜覆盖

双天膜覆盖即在大棚膜内再覆盖一层内天膜,内天膜的覆盖依据棚内葡萄栽培的不同架式而定。在平棚架上方用竹竿支撑至棚顶,在竹竿上离棚顶0.5m处拉一拉丝,薄膜用竹夹夹在拉丝上后,分别向两边拉至两棚交接处,形成封闭的内天膜,如图4-31所示。或者是在平棚上按纵向每隔3.0m架设一根竹拱片,薄膜盖在拱片上形成内膜,如图4-32~图4-34所示。

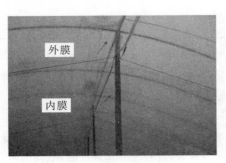

图4-31　平棚架双天膜覆盖1

图4-32　平棚架双天膜覆盖2
图片来源：陈伟立（温岭农林局）提供

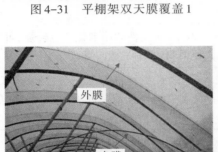

图4-33　平棚架双天膜覆盖3
图片来源：陈伟立（温岭农林局）提供

图4-34　平棚架双天膜覆盖4
图片来源：陈伟立（温岭农林局）提供

　　单十字"飞鸟"形与双十字"V"形葡萄架，先在横梁中间拉一条拉丝，两张膜用竹夹夹在拉丝上后，分别向两边拉至畦面形成封闭的内天膜，如内膜不到畦面，则保温差，不宜采用，如图4-35～图4-38所示。

图4-35　单十字"飞鸟"形架双天膜覆盖

图4-36　双十字"V"形架双天膜覆盖1

图4-37　双十字"V"形架双天膜覆盖2
图片来源：杨治元（浙江海盐农科所）提供

图4-38　内膜不到畦面，保温差
图片来源：杨治元（浙江海盐农科所）提供

四、盖膜时间

单膜覆盖促早栽培的盖膜时间,最早覆膜期为当地露地葡萄萌芽前50d左右,双天膜覆盖的则在当地露地葡萄萌芽前70d左右,内膜拆除时间在谢花后。在浙江南部宜在12月25日以后覆盖内膜,否则亩产量不足1000kg;浙江中北部宜在1月中旬以后覆盖内膜,否则易遭早春寒潮冻害。地膜覆盖时间宜在芽绒球末期,在畦面喷5°Bé石硫合剂后再铺畦膜,用宽度为80~120cm的旧薄膜或专用地膜覆盖于棚内植株的两侧畦面上,以提高土温、促发芽,但沟内不盖以保持棚内湿度。表4-2所示为避雨小环棚下不同盖膜时间对果实成熟的影响,图4-39和图4-40所示分别为双天膜覆盖栽培的藤稔和单天膜覆盖栽培的夏黑。

表4-2 避雨小环棚下不同盖膜时间对果实成熟的影响

品 种	盖外天膜时间	盖内天膜时间	铺地膜时间	上市时间	着色情况
藤稔	12.10	2.13	2.25	5月下旬	紫红色
	1.10	2.13	2.25	6月中旬	紫红色
	1.28	2.13	2.25	7月初	红色
夏黑	1.10	2.13	2.25	6月中旬	紫黑色
	1.28	2.13	2.25	6月底	紫红色

图4-39 双天膜覆盖栽培的藤稔

图4-40 单天膜覆盖栽培的夏黑

第四节 棚温湿度调控

在南方,设施栽培创造了比露地栽培更有利于生产无公害或绿色果品的条件,但如果破眠萌芽期、开花期、果实生长发育期的温湿度调控不当,将会影响坐果、果粒生长和产量。

一、葡萄棚内温湿度的要求指标

葡萄棚内温湿度的要求指标,如表4-3所示。注意温湿度的控制,尤其是从封膜后到萌芽期,温度要慢慢上升。当棚温超过28℃时,要及时通风降温,夜间做好保温。花期前后应保持15~28℃以利于授粉,提高坐果率。湿度过高时要注意棚内通风,即使在南方3~4月的低温阴雨天,也要每天开棚门一段时间,注意温度监测,防止烂花和病害。几种常用的温湿度计,如图4-41~图4-43所示,小型气象站,如图4-44所示。

表4-3　棚内温湿度要求

物候期	棚内温度湿度要求	作业
封膜至萌芽前	30℃为宜,湿度85%左右	以增温为主,不超过35℃
萌芽后至开花前	温度20~25℃,湿度60%~70%	齐芽后立即铺地膜,30℃以内
开花期至坐果期	温度20~28℃,湿度60%	防14℃以下低温及35℃以上高温
坐果后至采果结束	气温稳定在25℃以上	避雨栽培,防35℃以上高温

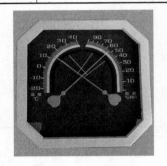

图4-41　温湿度计1

图4-42　温湿度计2

图4-43　温湿度计3

图4-44　小型气象站

二、棚内温湿度调控

棚膜覆盖方式在棚膜管理中已有介绍。从双天膜覆盖棚内温度报道监测分析发现,封膜至萌芽期,气温积温增加52.8℃,地温积温增加32.1℃;萌芽至揭内膜,气温积温增加57℃,地温积温增加28.3℃,具体数据,如表4-4所示。由此可见,棚膜覆盖的保温效果显著,且不受早春低温冻害天气的影响。

表4-4 三膜覆盖各时段平均温度和增温效应 ℃

时段	物候期	月/日	天数	平均温度			双天膜棚内较单天膜增温		双天膜棚内较露地增温	
				双膜	单膜	气温	平均	积温	平均	积温
双天膜	封膜至萌芽前	1/18~2/19	33	12.0	10.4	6.9	1.6	52.8	5.1	168.3
	萌芽至揭内膜	2/20~3/29	38	14.4	12.9	9.3	1.5	57.0	5.1	193.8
	小计		71	13.2	11.7	8.1	1.6	109.8	5.1	362.1
单天膜	揭内膜到见花前	3/30~4/15	17	/	18.5	14.1	/	/	4.4	74.8
	见花到揭围膜	4/16~5/8	23	/	21.8	18.9	/	/	2.9	66.7
	小计		40	/	20.2	16.5	/	/	3.7	141.5
全期			111					109.8		503.6

数据来源:杨治元,2011

以下为具体棚膜覆盖温湿度的田间管理。

(1)萌芽前。以提高温度、增加积温为主,萌芽前温度通过揭开或覆盖内、外天膜而慢慢上升,将棚温与相对湿度控制在10~30℃与80%~90%,以促进葡萄提早萌芽,并防止早期冻害。如遇晴天棚内升温很快,上午当内棚温度即将达到30℃时,要分批揭高内天膜,如操作后棚内温度仍超过30℃,则要揭开外天膜调控;下午当棚温开始下降,开始分批放下内外天膜,使内棚温度保持在26~30℃,以增加积温。

(2)萌芽后至开花期。三膜覆盖保温的葡萄新梢生长速度快,葡萄新梢长至内天膜顶时,需揭除内天膜后进行由外天膜加地膜的二膜覆盖促成栽培。在气温正常条件下萌芽到开花需要45d左右,花前高温虽然可以缩短萌芽到开花的时间,但枝条易发生徒长,花序分离差、短小,而花期高温会导致坐果率降低、落花落果严重。因此,要通过揭开或覆盖内、外天膜,将棚温与相对湿度控制在20~25℃与60%~70%,尤其是夜间保持15~18℃的棚温。晴天时白天注意通风降温,使棚温不超过28℃,阴天在保证温度的情况下,花期前后尽可能通风,降低湿度,防止徒长,减少病害发生。

(3)开花坐果后至成熟期。为促进幼果迅速膨大,白天棚内气温控制在28~30℃,夜间仍维持18~20℃。在棚外气温稳定在18℃左右时,便可揭除四周围膜后进入避雨栽培,直至果实成熟。

围膜一般在露地葡萄开花结束时揭除,在长三角等南方春雨、梅雨季连续且阴雨天多的地区,最好卷高而不揭除,以满足调控温度湿度和连续阴雨烟熏防病的需要。果实未成熟前遇冰雹或台风、龙卷风、鸟害使膜破损的需调换或补膜,从而减少病害、裂果、烂果的发生。图4-45和图4-46所示为果实在幼果期发生日灼。

图4-45　幼果期发生日灼1　　图4-46　幼果期发生日灼2

三、棚温湿度调节设备

大棚的人为操作费时费工、效率低,在生产上可利用电动摇膜杆调控棚温,通过对内膜加装手动摇膜杆或拉绳来调控棚温,提高工作效率。

1. 葡萄大棚自动卷膜机

大棚自动卷膜机是一套能自动控制大棚卷帘的装置,既可以进行短信控制,代替人手工实时控制,又可以通过手动控制器上的按钮,实现大棚的卷膜和放膜作业,如图4-47和图4-48所示。浙江省农科院数字农业研究所研发的一种大棚自动卷膜机,该系统包含电源转换模块、电机控制模块、转换开关、指示灯、控制器等其他外围设备,具备手动控制(通过拨动系统设定的按钮可控制电机的正转、停止和反转)、远程控制(通过短信收发,实现温室的卷膜和放膜,免于工作人员手工实时控制和留守在控制器旁)、两种模式相互切换(既方便控制,又能使工作人员在远离温室时,全景观察卷膜放膜状况,卷膜器运行过程中,可以随时控制启停,显著提高了工作效率)、采用单相交流减速电机(运行平稳,断电后自锁,不再惯性动作,控制可靠)、限位开关串入电机控制电路等特点。

图4-47　大棚自动卷膜机1　　图4-48　大棚自动卷膜机2

图片来源:徐志福(浙江省农科院数农所)提供

2. 葡萄棚温调控拉绳

浙江葡农在双天膜覆盖促成栽培的生产实践中,创制了一种安装拉绳揭高内膜和放膜的简易方法,通过这种办法改变了传统的人工一行一行进行揭膜和放膜的劳动,大大提高了劳动效率,降低了劳动强度,节约了操作时间,避免突发高温热害,减少了人为走路操作造成的土壤被踩实的不利影响。葡萄棚温调控拉绳由一个滑轮、两条不同粗心的尼龙绳、两个铁丝套钩与几块砖头组成(图4-49),调控拉绳垂直于行向,摆放在小环棚下的架面上,人走在通道上,拉紧一端粗绳,带动了绕在内膜上的较细绳,即揭开内天膜,砖块也被拉起,通过铁丝套钩固定位置可以决定内天膜揭开的幅度。当套钩被取出,在砖头与内天膜自身重量的作用下,内天膜落到畦面,绳子回到原位。

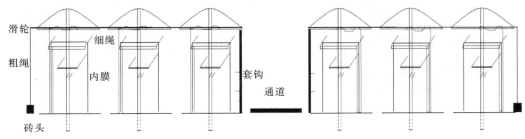

图4-49 葡萄小环棚双膜覆盖棚温调控拉绳示意图

第五节 土肥水管理

土肥水管理对葡萄的生长和结果有重要影响,是葡萄栽培的基础。

一、土壤管理技术

葡萄适应性强,可以在各种各样的土壤上生长,如河滩、沙荒、盐碱地和山坡地等,但不同品种对土壤酸碱度的适应能力有显著差异。葡萄园的土壤管理目的就是为葡萄的生长结果创造良好的土壤条件,土壤的管理方式主要有以下几种。

1. 覆盖法

覆盖栽培有利于保持土壤水分和改良土壤,节省除草劳动力,减少果实气灼、日灼和裂果的发生。南方葡萄园常用的覆盖材料为地膜、旧棚膜和地布等,一般于齐芽后覆盖旧棚膜或银灰和黑双色地膜,如图4-50所示。北方采用覆草、麦秸或玉米秸在葡萄畦上,密植园铺厚度为15~20cm、宽为1~1.5m的草带,每亩平均覆干草1500kg以上,稀植园采用2mm见方的树盘覆盖,每年结合秋施基肥深翻入土。

图4-50 全园覆膜

2. 生草法

生草法(图4-51和图4-52)可节省劳力,减少土壤冲刷,增加土壤有机质,改善土壤理化性状,使土壤保持良好的团粒结构。在年降水量较多或有灌水条件的南方地区可以采用种草栽培的方法,如种植黄花或紫花苜蓿、三叶草等,埋土防寒区一般采取自然生草的办法。当草高30～40cm时,留茬8cm左右用机械割除,割除的草可覆盖在树盘或行间。当生草2～3年后耕翻一次以防土壤板结。生草栽培应适当增施氮肥。

图4-51 生草法1

图4-52 生草法(紫云英)2

3. 清耕法

清耕能保持土壤疏松,改善土壤通透性,加快土壤有机质的腐熟和分解,有利于葡萄根系的生长和对肥水的吸收,控制葡萄园杂草的生长,减少病虫害的寄生源,降低虫害密度和病害发生率,同时减少杂草与葡萄争夺肥水,这一方法的缺点是清耕使地面裸露,加速地表水土流失,费工、成本高。

二、施肥管理技术

葡萄是喜钾且需肥量大的果树,在一般生产条件下,其对氮、磷、钾需求的比例为1:0.5:1.2,每生产100kg鲜果需从土壤中吸收0.3～0.6kg的氮素、0.1～0.3kg的五氧化二磷和0.3～0.65kg的钾素,因此要根据葡萄的需肥规律进行平衡施肥或配方施肥。使用的商品肥料应是在农业行政主管部门登记使用或免于登记的肥料。为节省劳动力和用水成本,减少氮磷流入水源,造成环境水体污染,提高肥料吸收利用率,应将人工施基肥与肥水一体化施追肥相结合,叶面喷肥与缺素校正、病虫害防治相结合。

1. 重施基肥

基肥又称底肥,以有机肥料为主,同时加入适量的磷肥和微量元素肥料。基肥的施用时间,南方在10月下旬至11月上旬,北方在9～10月份。基肥施用量应根据当地土壤情况、树龄、产量等情况而定,一般每亩施用腐熟有机肥1000～1500kg或商品有机肥500～1000kg,并混入过磷酸钙或钙镁磷肥50～100kg、硫酸镁和硫酸锌各2～5kg。基肥施用方法有开沟施、穴施和全园撒施等。开沟施肥时沟的位置应在植株两侧或株间,隔年交替,通常沟长30～40cm、宽30～50cm。挖好后,按基肥量放在挖好的土堆内侧,立即回填,回填时土和粪充分拌匀施入沟内,并将土全部复原到沟上,如图4-53所示。然后灌水,水要灌透,以利沉实和根系愈合。

机械打孔施肥时在每棵树离主干40~50cm处打4个40cm深的孔施有机肥,每人一天打孔2亩,一天施肥6亩,如图4-54~图4-56所示。

图4-53 开沟施肥

图4-54 机械打孔施肥1

图4-55 机械打孔施肥2

图4-56 机械打孔施肥3

2. 追肥

葡萄根部追肥可采用肥水一体化技术来进行,具有显著的节水、节肥、省工的特点,使葡萄在吸收水分的同时吸收养分。肥水一体化是在压力作用下将肥料溶液注入灌溉输水管道而实现的,溶解了肥料的水通过追肥枪将肥液注入根区,是现代农业生产的一项重要技术,在发达国家的农业生产中已得到广泛应用。

这里介绍一种生产上简易的肥水一体化施肥方法。借用果园打药的设备,将打药车软管连接施肥枪,在葡萄树根部附近打4~8个追肥孔,深度在20~25cm,并注入肥液,如图4-57所示。

(a)

(b)　(c)

图4-57 简易肥水一体化施肥示意图
(a)打药车 (b)施肥枪 (c)人工操作

（1）催芽肥。南方和不埋土防寒地区在萌芽前15d进行，埋土防寒地区多在撒土上架土壤整畦后进行。每亩施高氮低钾复肥10～15kg，配施硼砂1.5～2kg，撒施畦面并浅翻入土，或于畦面两边开浅沟施入，施后覆土并立即灌水；或通过肥水同灌系统滴或喷入畦内。萌芽前追肥以速效性氮肥为主，以促进发芽整齐以及新梢和花序发育，适宜欧亚种和无核化处理的欧美种，对于生长势旺盛的易落花落果的品种或土壤肥力水平较高或上年挂果少或已经施入足量基肥的园地，本次追肥可酌情少施或不施。

（2）壮蔓肥。一般用于无核化栽培，新梢前期生长缓慢，在枝蔓第一次生长高峰期适当补充肥料。每亩施氮、磷、钾复合肥10～15kg或尿素5～10kg，时间在萌芽后20d左右，于开花前20d必须施好，施用方法同上。

（3）膨果肥。在盛花后5～6d（谢花后幼果长至黄豆大小时），用低氮高钾 $N:P_2O_5:K_2O$ 配比 12:8:25 的配方肥每亩40kg左右，分两次（间隔一周）通过肥水同灌系统滴或喷入畦内。

（4）着色肥。在硬核后期，每亩施硫酸钾30kg，通过肥水同灌系统滴或喷入畦内。

（5）采果肥。在采果后立即施用，用量为每亩施尿素7～10kg或氮磷二元复合肥20kg，此次肥应以氮为主月，施肥方法同上。晚熟品种可与基肥结合施用。

3. 根外追肥

盛花期对土壤或叶柄进行测定，并根据葡萄养分缺乏参考值（OSU Viticulture Extension）进行根部追肥，具体数值如表4-5所示。

表4-5 葡萄养分缺乏参考值

	土 壤	叶 柄		土 壤	叶 柄
大量元素			微量元素		
N	10mg/kg	0.50%	B	0.5mg/kg	20mg/kg
P	20mg/kg	0.06%	Zn	1.0mg/kg	25mg/kg
K	150mg/kg	0.60%	Fe	*	15mg/kg
S	2mg/kg	0.08%	Cu	0.6mg/kg	3mg/kg
Ca	3.0～5.0mEq	0.75%	Mn	1.5mg/kg	20mg/kg
Mg	0.5～1.0mEq	0.35%			

进行根外追肥即叶面喷肥，一般与防病治虫结合，可迅速缓解缺素症状，肥效快，又省工，对于提高果实产量和改进品质有显著效果。根外追肥宜在上午10时前和下午4时后进行，以免影响叶面吸收和发生药害。最后一次叶面施肥应至少在采收期20d以前。肥料使用建议表如表4-6所示。

表 4-6 肥料使用建议表

项　目		要求（亩用量）
幼龄树		8月前氮肥为主，8月后磷、钾肥为主，薄肥勤施
成年树		氮（N）：磷（P_2O_5）：钾（K_2O）=1：0.5：1.3
	基肥	腐熟有机肥1000kg或商品有机肥500kg
	稳果肥	高氮中钾复合肥，如N：P_2O_5：K_2O配比20：9：16的配方肥20kg左右
	壮果肥	低氮高钾复合肥，如N：P_2O_5：K_2O配比12：8：25的配方肥40kg左右
	采后肥	高氮中钾复合肥，如N：P_2O_5：K_2O配比20：9：16的配方肥20kg左右
施肥方法	基肥	以有机肥为主，在树两侧距树干60~80cm处开条沟施肥，与土拌匀后将沟填平，每年交叉位置
	追肥	条沟施，施肥沟远近以沟内少量见根为原则
	叶面肥	500~800倍氨基酸钙镁型水溶肥料叶面喷施，施用量以叶片正反两面湿润为宜

注：（1）有机肥需充分腐熟，配合灌水；（2）限制含氯化肥的使用。

三、水分管理技术

萌芽期、浆果膨大期和入冬前需要良好的水分供应。成熟期应适当控制灌水。江南葡萄种植区雨水多，地下水位较高，在雨季容易积水，需要有良好的排水条件。

1. 灌水方式

（1）滴灌。具有节省劳力，节约水，适宜各种土壤，能使土壤保持最适含水量，避免土壤板结等优点，同时通过滴灌系统可进行肥水同灌，如图4-58所示。如果将滴灌与覆地膜相结合，效果更佳。

（2）微喷灌。为了克服滴灌设施造价高，而且滴灌带容易堵塞的问题，同时又要达到节水的目的，我国独创了微喷灌的灌溉形式。微喷灌即将滴灌带换为微喷灌带，不易堵塞微喷口，但园内湿度较难控制，如图4-59所示。

图 4-58 滴灌

图 4-59 微喷灌

2. 灌水时期

葡萄植株需水量有明显的阶段性,从萌芽至开花对水分需求量逐渐增加,开花后至开始成熟前是需水最多的时期,幼果第一次迅速膨大期对水分胁迫最为敏感,进入成熟期后对水分需求变少、变缓。

(1)萌芽前后至开花期。覆顶膜前葡萄园需灌透水。此期正是葡萄开始生长和花序原基继续分化的时期,及时灌水可促进发率整齐和新梢健壮生长,应使土壤湿度保持在田间持水量的65%~80%。在干旱地区或雨水少时应在花前浇透一次水,此期浇水可促进葡萄开花的整齐度,提高坐果率,但在花期不宜浇水,此次水一般应在花前7~10d进行。

(2)坐果期。果实生理落果后的第一次膨大期,如水分不足,叶片和幼果争夺水分,常使幼果脱落,严重时导致根毛死亡,地上部生长明显减弱,产量显著下降。此期土壤湿度宜保持在田间持水量的60%~70%。

(3)果实迅速膨大期。此期既是果实第二次迅速膨大期又是花芽大量分化期,及时灌水对果树发育和花芽分化有重要意义。此期土壤湿度宜保持在65%~80%,保持新梢梢尖呈直立生长状态为宜。

(4)浆果转色至成熟期。在干旱年份,适量灌水对保证产量和品质有好处。但在葡萄浆果成熟前应严格控制灌水,对于鲜食葡萄应于采前15~20d停止灌水。这一阶段如遇降雨,应及时排水。此期土壤湿度宜保持在55%~65%,维持基部叶片颜色略微变浅为宜,待果穗尖部果粒比上部果粒软时需要及时灌水。

(5)采果后和休眠期。采果后结合深耕施肥适当灌水,有利于根系吸收和恢复树势,并增强后期光合。冬季土壤冻结前,必须灌一次透水,冬灌不仅能保证植株安全越冬,而且对下年生长结果也十分有利。

3. 控水

(1)开花期控水防落花落果而减产。

(2)浆果着色期要适当控水以提高浆果的含糖量和品质,防白腐病和裂果等。易裂果的品种在成熟前1个月控水,可在沟内盖膜或限根以防接触雨水(图4-60);或挖深排水沟,使畦沟内水位保持稳定。

图4-60 大棚沟内铺膜控水

4. 排水

在降雨量大的地区,如土壤水分过多,会引起枝蔓徒长,延迟果实成熟,降低果实品质,严重的会造成根系缺氧、腐烂或生理失调发生缩果病,棚内湿度过高发生灰霉病。因此,在雨季应及时排水,严防葡萄园积水。

第六节 花 果 管 理

整穗、疏花与疏果的目的是使果穗标准化,花期一致,增大果粒,减少疏果工作量,从而提高葡萄商品档次与质量,增强鲜果的市场竞争力。整穗、疏花是减少疏果的前提,是增大果粒、提高商品性的重要措施,可节省50%的劳动力成本。疏果时间早晚与果粒发育大小密切相关。疏果分两次进行,第一次最好在谢花后3d进行,把没有光泽的果粒突击疏除;第二次一般在果粒黄豆大时进行,把瘦小果、畸形果和过密的果均疏去,使果粒大小均匀一致,色泽鲜绿。套袋前可适当补疏,具体操作根据品种、有籽还是无核化、精品或礼品还是批发等而定。

一、无核化栽培

(1)整穗时期。开花前一周开始至初花期结束时。

(2)整穗方法。巨峰系品种如巨峰、早甜、鄞红、户太8号、香悦、藤稔、夏黑、翠峰、醉金香、信浓笑、状元红、红富士等,一般留穗尖3~3.5cm,8~10段小穗,50~55个花蕾,如图4-61~图4-63所示。

图4-61 无核化栽培整穗(左:整穗,右:未整穗)

二倍体品种(包括三倍体品种)如白罗沙里奥等,一般留穗尖4~5cm,如图4-64所示。幼树、促成栽培的、坐果不稳定的适当轻剪穗尖(去除5个花蕾左右)。

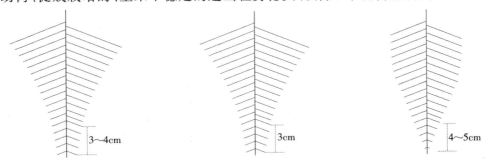

图4-62 夏黑整穗示意图　　图4-63 藤稔整穗示意图　　图4-64 二倍体品种的整穗示意图

图片来源:刘凤之,等.葡萄生产配套技术手册.北京:中国农业出版社,2013.

二、有籽栽培

有核栽培的品种花穗管理差异较大。巨峰系等四倍体品种坐果不稳定,不整穗容易出现果粒着生不匀,影响外观。白罗莎里奥、美人指等二倍体品种坐果率高,但容易出现穗大、粒小、含糖量低、成熟度不一致等,影响品质和外观。

1. 巨峰系葡萄品种

果穗要求整成圆柱形,成熟时穗重400~600g。

(1)整穗时期。一般在小穗分离,小穗间可以放入手指时进行,大概在开花前1~2周到盛开。过早则不易区分保留部分,过迟则影响坐果。栽培面积较大的情况下,先去除副穗和上部部分小穗,到时保留所需的花穗。

(2)整穗方法。副穗及以下8~10小穗去除,保留15~17段,去穗尖;花穗很大的(花芽分化良好)保留下部15~17段,开花前5cm左右(但花前用过抑止生长的植物生长调节剂的需适当留长,如用过助长素或矮壮素或B9的,穗尖留5~7cm),如图4-65所示。

2. 二倍体葡萄品种

(1)整穗时期。花穗分蕾至盛开时结束。

(2)整穗方法。为了增大果实用赤霉素处理的(白罗莎里奥),可利用花穗下部16~18段小穗(开花时6~7cm),如图4-66所示。

常规栽培的(美人指),花穗留先端15~20段,7~9cm,穗尖去除2cm,如图4-67所示。

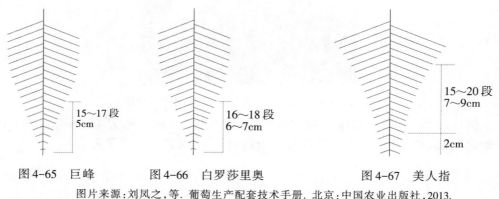

图4-65 巨峰　　　　图4-66 白罗莎里奥　　　　图4-67 美人指

图片来源:刘凤之,等. 葡萄生产配套技术手册. 北京:中国农业出版社,2013.

三、几个品种的具体操作

根据对华东地区葡萄交易量最大的嘉兴果品批发市场、浙中的金华农产品批发市场与浙北的长兴果品批发市场的调查,初步确立了葡萄主要栽培品种果穗的指标要求,如表4-7所示。

表4-7 葡萄果穗的指标要求

品 种	粒重(g)	粒 数	穗重(g)	穗数(串/亩)	产量(kg/亩)
醉金香	10	100	800~1000	1500	1250~1500
藤稔	25~30	40~45	1010	1500	1600
夏黑	7.5	100	700~800	2000	1500
红地球	14	70	1000~1200	1500~2000	1500~2000

1. 醉金香

先除去副穗,然后根据花穗大小在主轴基部除去1~5个过长的枝轴,疏去过长的分支,掐去穗尖约1/5左右,使每个花穗保持8~10cm长,大小均匀,如图4-68~图4-72所示。

图4-68 花前醉金香整穗

图片来源:张全英(浙江嘉兴十八里葡萄研究所)提供

图4-69 花前醉金香疏蕾

图片来源:张全英(浙江嘉兴十八里葡萄研究所)提供

图4-70 整理好的醉金香花穗1

图4-71 整理好的醉金香花穗2

图4-72 整理好的醉金香花穗3

疏果时果粒已达黄豆大小的果穗应掌握在长14cm、宽7cm的穗形,使果穗保持圆柱形,粒数排列整穗上下11~12粒,每穗保持70~80粒,成熟后,穗重基本能达到800~1000g。醉金香疏果前后的果穗分别如图4-73和图4-74所示。

图4-73　醉金香疏果前　　　　　　　　图4-74　醉金香疏果后

无核化栽培的早甜、宇选1号、户太8号、鄞红、阳光玫瑰均可参考醉金香的整穗、疏果方法。

2. 红地球

图4-75　剪去穗尖

如果红地球产量过高、穗过大,会导致着色不匀,果粒变小,含糖量下降,成熟推迟,严重的会影响树体生长,形成大小年。因此必须进行疏花、整穗。

疏花序,原则上在新梢上能明显辨清花序多少、大小的时候进行,尽早疏除,节省养分。每亩选留1500~1800个花序。

在花蕾已经分离至开花前,剪去穗轴基部1~2个大分支和花序总长约1/4~1/3的穗尖(图4-75),然后根据花序大小,间隔疏除一部分分枝和过长分支的顶尖,使每个花序保留80~100个花蕾。

开花前一周至始花期对结果新梢摘心并抹除副梢,每个结果新梢只留一穗。杨小乐提出了在坐果至果粒为绿豆粒大小时进行分层疏穗的方法,如图4-76所示。

疏果粒多在落花着果后,当果粒长到黄豆粒大小时进行。要根据各部位的果粒密度一粒一粒地疏,先疏去小形果、畸形果和有伤粒,再疏去密挤果粒,果粒间保持2cm距离。一般每穗留果70粒,保持果实充分发育,着色均匀,穗型紧凑美观,如图4-77所示。

里扎马特、新郁、大紫王等可参考红地球的疏花、整穗和疏果方法。

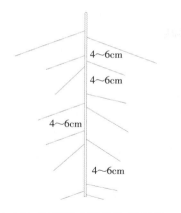

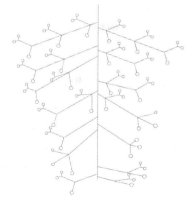

图4-76 分层疏小穗构造示意图   图4-77 疏果后的穗型
图片来源：杨小乐（新疆博乐农五师八十六团果蔬公司）制作

3. 巨峰及巨峰系品种

在开花前一周，即初花期结束时开始整穗。先除去副穗，然后根据花穗大小在主轴基部剪去过长的支轴，无核化处理的保留穗尖3.5（生产400~500g/穗）~7cm（750~1000g/穗），有籽栽培的保留5（生产400~500g/穗）~10cm（750~1000g/穗），花前用过矮壮素或助长素或稀效唑等生长抑止剂的，适当放长穗尖。巨峰花序整穗前后分别如图4-78和图4-79所示。

图4-78 巨峰花序整穗前   图4-79 巨峰花序整穗后
图片来源：陈再宏（浙江浦江农业局）提供   图片来源：陈再宏（浙江浦江农业局）提供

巨峰疏果后，每穗保留果粒40~50粒（生产约500g/穗）。巨峰果穗疏粒前后分别如图4-80和图4-81所示。

图4-80 巨峰果穗疏粒前   图4-81 巨峰果穗疏粒后
图片来源：陈再宏（浙江浦江农业局）提供   图片来源：陈再宏（浙江浦江农业局）提供

四、果穗套袋

葡萄果穗套袋是提高葡萄果实外观及品质,保持果粉完整,减少葡萄病虫鸟害的重要措施。

(1)袋的选择。露天需用具有较大的强度、耐风吹雨淋、不易破碎,有较好的透气性和透光性,避免袋内温、湿度过高的纸袋;设施内则用白纸袋或无纺袋,如图4-82和图4-83所示。果袋的选择还要根据品种果实颜色和上市时间进行,一般粉红色品种或着色不易品种选用白色纸袋或白色、粉红色的无纺布袋,促进着色,提早成熟;其他品种选用白色纸袋。对于容易日烧(灼)的品种最好采取打伞栽培以减轻日烧(灼)。

(2)套袋时间及方法。套袋的时间一般在葡萄开花后20~30d,即生理落果后果实长至玉米粒大小时,在晴天的上午9:00—11:00和下午2:00—6:00进行。早熟品种早套,迟熟品种可将套袋时间延迟到果实刚刚开始着色或软化时进行。套袋前先细致喷布一次水溶性杀菌剂和杀虫剂(注意果面不能出现药斑),待药剂干后及时进行套袋。

(3)摘袋时间与方法。摘袋应根据品种、市场需求量或采摘量确定时间,对于白色或黄色品种及果实容易着色的品种如夏黑等可以在采收前不摘袋,在采收时摘袋。粉色或着色不易或不匀的品种如火焰无核、红地球、红萝莎里奥、温克、巨玫瑰等,一般在果实采收前15~30d进行摘袋,摘袋时先将袋底打开,经过5~7d锻炼,再将袋全部摘除。

图4-82　白纸袋

图4-83　无纺布袋

第七节　植物生长调节剂的应用

植物生长调节剂是具有天然激素生理活性、用于调节植物生长发育的一类农药,包括人工合成的化合物和从生物中提取的天然植物激素。全球植物生长调节剂销售额约15亿美元,占农药总销售额的5%左右,并以每年10%的速度增长。我国登记的植物生长调节剂产品有587个(登记证),有效成分38种,常用有效成分20种左右,占农药总销售额的2.5%左右,植物生长调节剂生产仍处于成长发展阶段。但植物生长调节剂在葡萄生产中应用很普遍,而且效果较好,日本、美国葡萄在生产中较普遍地应用赤霉素。农业部颁布的《无公害食品鲜食葡萄生产技术规程》(NY/T 5088—2002)中规定,赤霉素在诱导无核果,促进葡萄无核果粒膨大,拉长果穗等方面应用。《绿色食品农药使用准则》(NY/T 393—2013)中规定,A级绿色食品,限量使用限定的化学合成生产资料。选择符合农业部颁布的规程、准则的植物生长调节剂在葡萄生产中应用,主要用于促进根系生长、延缓枝芽生长、拉长花序、诱导无核、保花保果、促进果实膨大、促进着色、提高抗性等。

以下为葡萄生产中常用的植物生长调节剂。

1. 萘乙酸(NAA)和吲哚丁酸(IBA)

萘乙酸和吲哚丁酸主要用于促进插枝生根或提高移栽成活率。吲哚丁酸·萘乙酸(3:2)混配使用,先用少量乙醇溶解再加适量水后浸泡插条基部一节几分钟至24h时,具体浸泡时间根据浓度而定。用50mg/L吲哚丁酸水溶液处理葡萄枝条8h能促进生根。图4-84所示为市面上可直接购买到的吲丁·萘乙酸混合粉剂。

图4-84 吲丁·萘乙酸

2. 赤霉素(GA)

赤霉素市场上有40%、75%与85%的赤霉酸结晶粉,以及进口的20%与99%的赤霉酸水溶性粉剂,主要用于葡萄的花果管理,分别如图4-85和图4-86所示。

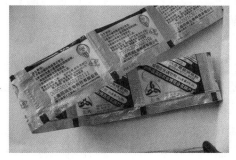

图4-85 赤霉酸结晶粉

图4-86 赤霉素可溶性粉剂

(1)拉长花序。一方面用于花序过小、穗轴过短、果粒过于紧密、坐果偏多的品种,这些品种应用赤霉素后能减少疏果工作量,减轻病虫害,减少裂果。另一方面可适用于灾后恢复,如葡萄花芽分化过程中遭遇台风等气象灾害,造成提早落叶、花序发育不良与短小就可应用赤霉素;在4~5月份开花期大棚受高温低温影响而使一次结果不理想,在利用副梢或夏芽结果时花序偏小,应用赤霉素拉长花序,可增加穗重,提高果穗商品性和产量。

拉长剂选择:经杨治元先生试验认为美国奇宝牌赤霉素优于国产的赤霉素,且使用方便。

使用时期和使用浓度:花前10~15d使用,使用浓度根据品种、栽培方式而定。如避雨栽培的醉金香、寒香蜜需7.5~10mg/L赤霉素;促成栽培的红地球、夏黑、京早晶、火焰无核、喜乐、奥迪亚无核、黎明无核、红宝石无核、克伦森无核、翠峰需5mg/L赤霉素;无核白葡萄、无核紫葡萄则在花前7~10d,使用25~50mg/L赤霉素;京亚花在花前10~15d

用6～7mg/L赤霉素拉长花序。赤霉素的使用有浸蘸和微喷两种方法,分别如图4-87和图4-88所示。

图4-87　浸蘸　　　　　　　　　　　　　　　　图4-88　微喷

(2)无核膨大。

①有籽葡萄的无核化。分别在花期和坐果后进行两次赤霉素处理,如四倍体葡萄品种先锋、早甜、宇选1号、黑色甜菜、阳光玫瑰在盛花末期以25mg/L赤霉素处理一次,花后10～15d再处理第二次。

②无核葡萄膨大。如三倍体夏黑在盛花期至盛花末期用25～50mg/L赤霉素处理一次,花后10～15d再处理第二次。寒香蜜、红宝石无核、无核白鸡心等无核葡萄品种在花后10～15d使用45～50mg/L赤霉素处理可显著增大果实;奥迪亚无核见花后20～22d用25～30mg/L赤霉素,黎明无核花后15～20d用25～50mg/L赤霉素处理可显著增大果实。

③有籽葡萄膨大。如红地球果穗定型后的20d左右,用20～40mg/L的赤霉素处理,果实个大、光亮、美观。

(3)用于育种。葡萄种子用8000mg/L赤霉素浸泡20h,可打破葡萄种子休眠。

(4)用于砧木。对生长势弱、节间较短的葡萄砧木品种和供采种条的母株,在生长期内多次低浓度喷布,能促进枝蔓生长,提高种条利用率,增加枝条产量。

3. 吡效隆(氯吡脲、CPPU、KT-30)

吡效隆作用是增大果实(谢花后10～15d使用浓度2～10mg/L);诱导单性结实,促进坐果;延缓衰老,推迟成熟,调节营养物质分配;增加硬度,降低糖度。

对一些四倍体品种如巨峰等,花后15d左右使用CPPU可以明显防止落花落果。单独在葡萄生产中使用的浓度为5～10mg/L,与赤霉素混用的使用浓度为2.5～5mg/L。图4-89为市面上在售的0.1%氯吡脲可溶性液剂。

4. 噻苯隆(TDZ,商品名益果灵)

噻苯隆在低浓度下能诱导愈伤组织分化,促进坐果,增大果实,提高可溶性固形物,减少酸度,使葡萄无核;在较高浓度下可刺激乙烯生成,促进果胶和纤维素酶的活性,从而促进叶柄与茎叶之间离层的形成,起到脱叶作用。图4-90为市面上在售的0.1%噻苯隆可溶性液剂。

图 4-89　0.1%氯吡脲可溶性液剂　　　　　　图 4-90　0.1%噻苯隆可溶性液剂

如巨峰系葡萄在花前10d左右,用0.1%噻苯隆30mL/瓶兑水50kg喷施果穗,喷施时以喷施不滴药液为宜,可保花保果,提高坐果率,拉长果穗;花后15～20d生理落果后,果粒约黄豆大时,用0.1%噻苯隆30mL/瓶兑水10kg浸蘸果穗2～3s,可增大果粒,消除果柄变硬问题,提高商品性,增强耐贮性。早甜葡萄在花后12d具有增大果粒,提高品质的作用。红地球葡萄在春梢长至3～4片叶时,用30mL/瓶的0.1%噻苯隆可溶液剂兑水8～10kg浸蘸果穗2～3s(或用30mL/瓶的0.1%噻苯隆可溶液剂兑水15kg浸蘸果穗2～3s,隔7～10d用同样的浓度再蘸一次),能增大果粒,提高商品等级,增加产量。蘸穗前必须抖动果穗,使授粉不良的果粒尽可能脱落,蘸果后再抖动一次果穗,将积在果粒上的药液抖落。如果与赤霉素合用效果更佳,并能克服单用赤霉素出现的穗轴木质化及易掉粒等问题。用30mg/瓶的0.1%噻苯隆可溶性液剂先溶解赤霉素0.25g再兑水10～12kg(北方兑水10kg,南方兑水12kg),浸蘸果穗3s,再进行疏果疏粒,使留果量符合品种特性要求。

赤霉酸与吡效隆或噻苯隆混用,能减少单用带来的副作用,在几个葡萄品种上的具体应用参考表4-8。

表4-8　在4种葡萄上的应用参考表

品　种	目　的	处理时期与方法	浓度(mg/L)
巨峰	促进果粒膨大	盛花后10～15d,加入25mg/L GA液,果穗处理	3～5
藤稔	促进果粒膨大	盛花后10～15d,加入25mg/L GA液,果穗处理	5～20
阳光玫瑰	无核处理	盛花期后3～5d,加入25mg/L GA液,花穗处理	5～10
夏黑	促进果粒膨大	盛花后10～15d,加入25mg/L GA液,果穗处理	5～10

5. 芸薹素内酯

芸薹素内酯在长势和管理条件良好的葡萄园内使用,使用0.002%水剂的1000～3000倍液能提高葡萄坐果率。巨峰葡萄在开花前后连续3次用药,第一次是葡萄开花前两天,第二次是盛花期,第三次是盛花后11d。

6. 助壮素(缩节胺、甲哌啶、甲哌鎓)

助壮素能抑制赤霉素的生物合成,抑制营养生长,提高叶绿素含量以增强光合效率,提高细胞膜稳定性,增强植株抗逆性,促进坐果,提高产量。甲哌鎓可溶粉剂,如图4-91所示。

使用时期与浓度：葡萄新梢长至6～7叶时整株喷300～700倍液。具体使用浓度要根据品种、树势而定，如鄞红、京亚在见花前两天至见花第三天在叶面喷500～750mg/L水溶液，红富士、户太8号、玫瑰香、先锋在花前两天至见花喷叶面。苏州市郊民主葡萄园使用40%助壮素水剂（江苏省激素研究所生产）在巨峰葡萄上应用，浓度为80mg/L（即2mL加水10kg），再加入0.2%磷酸二氢钾混合，在巨峰葡萄新梢生长展叶6～8片、花前5～7d时，全株喷洒可控制巨峰葡萄落花落果。

7. 矮壮素

矮壮素能抑制赤霉素生物合成，抑制营养生长，促进生殖生长，提高光合作用，提高坐果率、抗旱性、抗寒性和抗盐碱的能力。矮壮素水剂，如图4-92所示。

使用时期与浓度：一般在开花前15d新梢约长至50～70cm时，用500～1000mg/L。

在浙江浦江，巨峰葡萄在新梢长至7叶与花前5d共使用两次，浓度1000倍，保果效果好；而对玫瑰香、雷司令等品种，一般用药浓度为100～400mg/L。

图4-91 甲哌鎓可溶粉剂

图4-92 矮壮素水剂

8. 脱落酸（ABA）

脱落酸能提高葡萄果实内花色素苷的含量，促进果实着色和成熟，促进脱落，抑制生长，促进休眠，引起气孔关闭，调节种子胚的发育，增加抗逆性，影响性分化。从20世纪80年代起，国际上开始研究脱落酸对葡萄成熟和色素形成的调控。目前，日本、美国等国在改善葡萄着色方面已广泛推广应用ABA制剂。

使用时期与浓度：促进果实着色一般在果实转熟期，如在巨峰葡萄着色初期（约10%着色）用250mg/L的ABA能显著提高巨峰葡萄的着色指数，成熟早、转色快，可溶性固形物和总糖含量都得到不同程度的提高，且果肉不软化，果穗不掉粒，果实散发出浓郁香气；巨玫瑰葡萄转色前用500mg/L的ABA处理能够有效促进着色；避雨栽培的温克、红地球葡萄在上色初期用50mg/L的ABA处理果穗，可促进着色。

近年来新开发的ABA制剂S-诱抗素，又名天然脱落酸（S-ABA），在提早葡萄浆果成熟、改善果实品质等方面效果良好，如图4-93所示。如在红地球葡萄转色期喷施5%的S-诱抗素100倍液，能有效促进浆果着色，增加果实糖分积累，使葡萄提早成熟上市，并在一定程度上改善浆果品质，提高葡萄的商品价值；在巨峰葡萄转色初期，应用100mg/L的S-诱抗素能显著提高葡萄的着色指数和可溶性固形物的含量，降低可滴定酸含量。

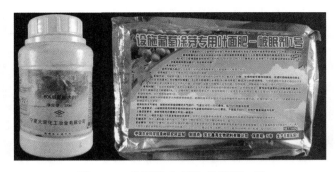

图4-93　S-诱抗素可溶粉剂　　　　图4-94　单氰胺水剂和破眠剂1号

9. 单氰胺和石灰氮

葡萄进入自然休眠状态以后,需在特定低温(低于7.2℃)条件下保存一定时间才能恢复正常生理功能,休眠的葡萄恢复正常生理功能所需低温小时数称为需冷量。据辽宁兴城果树研究所测定,夏黑的需冷量为861h,巨峰的需冷量为1246h,红地球为762h。南方地区冬季低温需量不足,使葡萄萌芽率低或萌芽不整齐,因此为使芽正常整齐萌发,需于萌芽前20～30d使用破眠剂打破休眠,葡萄生产中应用的破眠剂的化学成分有单氰胺、石灰氮。破眠剂的使用一般应选择晴好天气进行,气温以10～20℃之间最佳,气温低于5℃或超过28℃时应取消处理。图4-94所示为常用的单氰胺水剂和破眠剂1号。

单氰胺类产品如荣芽按说明书浓度配制。石灰氮,按使用浓度为15%以1:7的比例或使用浓度为20%以1:5的比例加入50～70℃温水,搅拌浸泡2h,静置冷却后取澄清液于容器内待用。所得溶液可以直接喷施休眠枝条(务必喷施均匀周到)或直接涂抹休眠芽,但剪口两芽不涂;如用刀片或锯条将休眠芽上方枝条刻伤后再使用破眠剂,破眠效果将更佳。破眠时棚内土壤保持湿润、空气湿度达85%以上,以免因温度过高灼伤芽眼,藤稔破眠后萌芽提早3d,萌芽率提高10.3%～12.6%,成蔓率提高14.2%～16.6%,且萌芽整齐;寒香蜜涂芽后萌芽率为93.9%,提高了11.6%。图4-95中,左侧的白罗莎奥经破眠处理,比右侧未经破眠处理的对照组提前发芽。

近年来中国农业科学院果树研究所新开发的破眠制剂——破眠剂1号,综合效果优于单氰胺类和石灰氮,使用后的寒香蜜萌芽率为92.4%,提高了13.1%,穗重达624.3g到,较对照增加了23.6%。图4-96和图4-97分别为经破眠剂1号处理萌芽整齐和对照组的萌芽情况。

由于石灰氮或单氰胺类具有一定毒性,因此要避免药液同皮肤直接接触,由于其具有较强的醇溶性,所以操作人员应注意在使用前后的一天内不可饮酒。该类药剂应放在儿童触摸不到的地方。此外,用残渣涂芽会烧芽,致使芽不能正常萌发,如图4-98所示。

图4-95 经破眠处理的白罗莎里奥及其对照

图4-96 破眠剂1号处理萌芽整齐

图4-97 对照发芽不整齐

图4-98 残渣涂芽

第八节 整形修剪

"控产提质"成为全国葡萄优质栽培的技术措施之一,通过选择合理的树形,科学的冬剪控制留枝量和留芽量,夏剪控制留梢量和留果量,协调营养与生殖生长、品质与产量的关系,从而实现优质稳产的目的。

1. 冬季修剪时间与方法

(1)修剪时间。自然落叶1个月后至次年1月间,但浙江"三膜"覆盖的提早至12月中下旬,云南促成栽培的提早至11月中下旬。

(2)修剪方法。

①幼树。第一年留3～4芽定植,选留一根新梢作为主干,根据架式待新梢长至70～150cm时摘心,再培养2～4个副梢作为结果母枝。

②结果树。欧亚种结果母枝采用中长梢修剪(6～10芽为主),留4～8根(根据株距定);欧美杂交种结果母枝一般采用中梢(5～7芽为主),4～6(根据株距定)根。留更新枝两根,留2～3芽修剪。

2. "H"形整形(适宜水平式棚架)

造形过程:留三芽定植,萌芽后留两个新梢,待新梢长至5叶时留一壮梢,立杆绑缚,保持直立生长,及时抹去侧副梢,新梢长至第一道钢丝下20cm处时摘心,其顶上两个副梢（作支蔓90~120cm长），向左右两侧绑缚，长至100cm左右时摘心，两个支蔓再留顶副梢两个（作龙蔓4~8m长），左右反方向绑缚。如图4-99所示为"H"形的造形过程，图中（1）（2）（3）分别为主干、支蔓、龙蔓，第一年完成1~4步，第二年完成5~7步。

对来年结果母枝的培养：欧亚种按"5-4-3-2-1"方法摘心（针对花芽不容易形成和花芽节位较高的品种），即当营养枝长至6叶时留5叶摘心，顶副梢长至5叶时留4叶摘心，依此类推操作。欧美种按"10-4-4"方法摘心，即当营养枝长至12叶时留10叶摘心，顶副梢留4叶反复摘心。

冬季修剪时，在龙蔓达到0.8cm粗处剪截。等第二年春萌芽后，在两个龙蔓剪口各选一个健壮的新梢做延长枝继续向前培养，其上副梢每隔25cm左右保留一个，交替引绑至两

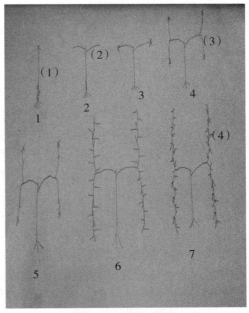

图4-99 "H"形的造形过程

侧，副梢上萌发的二级副梢全部留一叶绝后处理，当龙蔓延长枝与邻树枝相距20cm时摘心，冬季修剪时龙蔓上的副梢留2~3芽短梢修剪。以后龙蔓上每隔25cm左右保留一个副梢，培养成结果枝组，冬季结果枝组均采用留2~3芽短截，直至树形培养结束。长势旺的品种如夏黑、红宝石无核、火焰无核等两年便可完成造形，造形过程如图4-100~图4-102所示。

图4-100 冬剪结果枝组间距20~30cm

图4-101 短梢修剪第二年抽生新梢状

图4-102 短梢修剪第二年结果状

3. "一"字形("T"字形)整形

"一"字型小棚架由小棚架演变而来,架高1.8m,每隔4m立一根水泥柱,在水泥柱1.2m高处拉一条钢丝引缚葡萄树的主干及两条结果母枝,在水泥桩1.5m处加一条1m长的横梁,左右各铺两条钢丝引缚结果新梢。

造形过程:当种苗新梢长到1.2m高度时及时摘心。除顶端两个副梢生长外,其下所有夏芽都采用留一叶绝后摘心。当顶端两条副梢各生长到7~8叶时,及时摘掉生长点,然后在两条副梢上间距25cm左右处留一个二次副梢。每条副梢培养3~4个二次副梢,当二次副梢生长到5~6叶时及时摘心。摘心后对每条二次副梢顶端生长的三次副梢留2~3叶反复摘心,其下三次副梢留一叶摘心,促使二次副梢增粗生长。冬季修剪时,欧美种可采用单枝更新2~3芽短梢修剪(图4-103),间距25~30cm;一般管理的欧亚种采用双枝更新,主蔓上每隔80~100m留一长一短的结果枝组,长的做结果母枝,粗达到0.8~1cm,留6~10芽剪截(图4-104),与主蔓方向一致,平行绑缚。也可以根据品种结果枝着生位置而定留芽的数量,短的留2芽做更新枝,以后每年每个结果枝组留两根营养枝,重复上年的修剪即可,已结果的剪除。新梢垂直于主蔓按间距20~25cm距离绑缚,长至120cm封顶。该树形光照好,任何单棚、连栋棚或观光采摘皆可采用;果穗分布整齐,通风透光好,颜色美,病害少,葡萄树种在棚中间,两边的土壤可堆至葡萄树根周围,从而降低地下水位,推迟或减少裂果;观赏效果好,如图4-105所示。

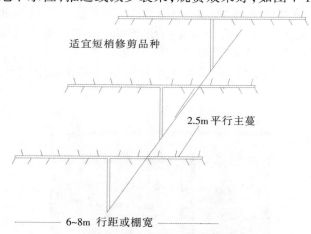

图4-103 单枝更新2~3芽的短梢修剪

图片来源:刘凤之,等.2013.葡萄生产配套技术手册.北京:中国农业出版社.

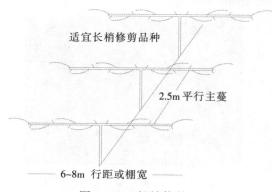

图4-104 长梢修剪

图4-105 "一"字形("T"字架)整形挂果状

第九节 主要病虫害症状与综合防治

葡萄病虫害的防治应坚持"预防为主、综合防治"的方针,合理选用农业防治、物理防治和生物防治方法,根据病虫害发生的经济阈值,适时开展化学防治。提倡使用诱虫灯、黏虫板等设施,人工繁殖释放天敌。优先使用生物源和矿物源等高效低毒低残留农药,并按《农药合理使用准则》要求执行,严格控制安全间隔期、施药量和施药次数。

一、主要葡萄病害与防治

1. 葡萄灰霉病

葡萄灰霉病在花期为害花穗(花冠、花梗),花后为害穗轴,造成落花落果。坐果后发病较少,但果实成熟后期及在贮运过程中,如遇到低温、阴雨,仍可造成危害。花穗多在开花前发病,初期呈淡褐色、水渍状,后变为暗褐色或黑褐色;在潮湿条件下,病部组织软化、腐败,表面产生浓密的灰色霉层,稍加触动,可见烟雾粉状物飞散,如图4-106和图4-107所示。被害花穗萎蔫,幼果极易脱落,如图4-108所示。果实多在近成熟期和贮藏期感病,受害部位产生褐色凹陷病斑、软腐,果粒表面密生鼠灰色霉层并很快扩展至全穗果粒,果穗易脱落,如图4-109和图4-110所示。贮藏期如受病菌侵染,浆果变色、腐烂,有时在果梗表面产生黑色菌核,如图4-111所示。

图4-106 葡萄花序感染灰霉病1

图4-107 葡萄花序感染灰霉病2

图4-108 葡萄幼穗感染灰霉病

图4-109 葡萄果粒感染灰霉病1

图 4-110　葡萄果粒感染灰霉病 2

图 4-111　葡萄果梗感染灰霉病

以下为葡萄灰霉病的防治方法：

（1）选用透光性强、抗老化、弹性好的优质无滴膜。

（2）齐芽后全园地面及地沟铺地膜以降湿防病。花期忌温度忽高忽低，中午注意通风降温。

（3）切忌偏施氮肥，适当施腐熟有机肥和磷钾肥。

（4）生长期内，棚中发现病花穗、病果时，应及时摘除并带出大棚深埋。秋后清除病残体，集中烧毁。

（5）发病初期（开花前）可选用卉友 5000 倍液、50%施佳乐 1500 倍液、40%嘧霉胺 800～1000 倍液、50%速克灵可湿性粉剂 1500 倍液、70%甲托 800 倍液、50%农利灵 1000～1300 倍液、60%特可多 100 倍液、啶菌异霉威 1500 倍液或乙霉威、啶酰菌胺、氟啶胺等杀菌剂防治。生物农药可选用多抗霉素。

为防止棚内水气太大，棚内湿度控制不下来，也可用药液浸果穗。还可进行大棚熏蒸，每亩用速克灵烟剂 250g，在傍晚时闭棚熏蒸，不仅可防治灰霉病，还可显著降低棚内湿度。

2. 葡萄霜霉病

葡萄霜霉病主要为害叶片，也能侵染新梢、花穗和幼果等。叶片染病初出现半透明、边缘不清晰的淡黄色油浸状斑点，后扩展成黄色至褐色的多角形病斑，如图 4-112 和图 4-113 所示。湿度大时，能愈合成大斑，背面产生白色霉层，即病菌的孢囊梗和孢子囊，病斑最后变褐干枯，叶片早落。新梢、卷须、穗轴、叶柄发病后发展为微凹陷、黄色至褐色的病斑，潮湿时病斑上同样产生白色霉层，病梢生长停滞，扭曲或干枯，如图 4-114 所示。病花穗渐变为深褐色，腐烂脱落，如图 4-115 所示。幼果病部变硬下陷，长出白色霉层，皱缩；果粒受害呈褐色软腐状，不久干缩脱落，如图 4-116 所示。果实着色后就不再侵染。

图4-112 葡萄叶片感染霜霉病早期

图4-113 葡萄叶片感染霜霉病

图4-114 藤稔幼果感染霜霉病

图4-115 葡萄花序感染霜霉病

图4-116 葡萄幼果感染霜霉病

以下为葡萄霜霉病的防治方法：

(1)采用大棚或小环棚设施栽培。

(2)秋冬季清园,减少侵染源。秋季葡萄落叶后将落叶、病穗扫净烧毁,冬季修剪时,尽可能把病梢剪掉,并再次清理果园,用3～5°Bé石硫合剂匀喷枝干和地面。

(3)提高第一档结果母蔓的绑缚高度和结果部位至1～1.2m;及时摘心,合理修剪,改善通风透光条件,增施磷钾肥料,提高植株抗病能力。

(4)发病初期即应喷药防治,以后每半月左右用药一次。一般在发病前用1:0.5:200倍式波尔多液、78%科博500～700倍液、80%喷克600～800倍液保护;发病后用化学药剂防治,如50%金科克1500～2000倍液、80%霜脲氰1500～2000倍液、52.5%抑快净2000～3000倍液、75%克露600倍液、64%杀毒矾400～500倍液。由于霜霉病菌从叶背面侵入,因此喷药重点在叶背。

3. 葡萄白腐病

白腐病俗称水烂或穗烂,是南方葡萄生产中最主要的果实病害,危害严重的可造成60%以上的损失。主要为害穗轴、果实、叶片及新梢。初期于小果梗或主轴上生有褐色水渍状斑,并逐渐向果粒蔓延。果实染病初现浅褐色水浸状腐烂,后果梗干枯萎缩。果实发病后一周变为深褐色,果皮下散生灰白色小粒点,如图4-117所示。白腐病的一个重要特点是病果失水成深褐色僵果,干枯的僵果穗常挂在枝上,经久不落,如图4-118所示。枝梢和幼树发病多从摘心处或机械伤口侵入,初期呈水浸状淡褐色病斑,并纵向扩展成凹陷暗褐色大斑,表皮密生灰白色小粒点;当病斑绕枝蔓一周时,其上部叶片枯死。叶片染病始于叶尖或叶缘,初生黄褐色、边缘水浸状斑,后扩大成近圆形褐斑,并有不明显的同心轮纹,病斑上现灰白色小点,以近叶脉处居多,染病组织干枯后易碎裂、穿孔。

图4-117 感染白腐病的病果

图4-118 葡萄感染白腐病病穗
图片来源:许渭根(浙江省农业厅)提供

以下为葡萄白腐病的防治方法:

(1)采用大棚或小环棚设施栽培。

(2)秋冬季清园,减少侵染源。秋季葡萄落叶后将落叶、病穗扫净烧毁,冬季修剪时,尽可能把病梢剪掉,并再次清理果园,用3~5°Bé石硫合剂匀喷枝干和地面。

(3)生长季节摘除病果、病蔓、病叶,减少病源基数。适当扩大果穗与地面的距离。

(4)药剂防治应重点抓住花序分离期、谢花后一周和成熟前半个月的防治关键期,比较有效的药剂有:20%苯醚甲环唑3000~5000倍液、22.2%戴挫霉1200~1500倍液、炭疽福美800~1000倍液、世高3000倍液、阿米西达5000倍液等,要交替使用,避免产生抗药性。

4. 葡萄溃疡病

主要为害果实、枝条,引起果实腐烂、枝条溃疡。果实是在果实转色期出现症状,穗轴出现黑褐色病斑,向下发展引起果梗干枯致使果实腐烂脱落,有时果实不脱落,逐渐干缩,如图4-119~图4-121所示。在田间还观察到大量当年生枝条出现灰白色梭形病斑,病斑上着生许多黑色小点,横切病枝条维管束变褐,如图4-122~图4-124所示。有时叶片上也表现症状,叶肉变黄呈虎皮斑纹状;也有的枝条病部表现红褐色区域,尤其是分支处比较普遍。幼树出现整株叶变红的症状。

图4-119 感染溃疡病的果穗1

图4-120 感染溃疡病的果穗2

图4-121 感染溃疡病的果穗3

图4-122 感染溃疡病的新梢1

图4-123 感染溃疡病的新梢2

图4-124 感染溃疡病的新梢3

以下为葡萄溃疡病的防治方法：

（1）及时清除田间病组织，集中销毁。

（2）加强栽培管理，严格控制产量，合理肥水，提高树势，增强植株抗病力。棚室栽培的要及时覆盖薄膜，避免葡萄植株淋雨。

（3）拔除死树，并对树体周围土壤进行消毒；用健康枝条留用种条，禁用病枝条留种条。

（4）剪除病枝条及剪口涂药。剪除的病枝条统一进行销毁，对剪口进行涂药，可用甲基硫菌灵、多菌灵等杀菌剂加入黏着剂等涂在伤口处，防止病菌侵入。

5. 葡萄穗轴褐枯病

主要为害葡萄果穗幼嫩的穗轴组织。发病初期，先在幼穗的分枝穗轴上产生褐色水渍状斑点,迅速扩展后致穗轴变褐坏死,果粒失水萎蔫或脱落,如图4-125和图4-126所示。有时病部表面生黑色霉状物,即病菌分生孢子梗和分生孢子。该病一般很少向主穗轴扩展,发病后期干枯的小穗轴易在分枝处被风折断脱落。幼小果粒染病仅在表皮上生直径2mm的圆形深褐色小斑,随果粒不断膨大,病斑表面呈疮痂状。当果粒长到中等大小时,病痂脱落,果穗也萎缩干枯,发病严重时,几乎全部花蕾或幼果落光。

 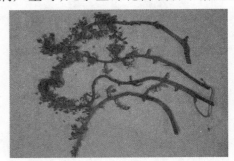

图4-125　葡萄幼穗感染穗轴褐枯病1　　　图4-126　葡萄花序感染穗轴褐枯病2

葡萄轴褐枯病的防治以药剂防治为主,从穗轴抽生(花序长出后)到果实膨大前防治1～2次。发病前用75%猛杀生(蒙特森)干悬浮剂800倍液、68.75%易保1000倍液或50%保倍福美双1500倍液,发病后用40%福星10000倍液、20.67%万兴2000倍液、55%升氏1000倍液、甲基托布津800倍液或20%苯醚甲环唑3000倍液。

6. 葡萄炭疽病

主要为害果实,也为害穗轴、当年的新枝蔓、叶柄、卷须等绿色组织。病菌侵染果粒,在幼果期,得病果粒表现为黑褐色、蝇粪状病斑,但基本看不到发展,等到成熟期发病;成熟期或成熟的果实得病后,初期为褐色、圆形斑点,而后逐渐变大并开始凹陷,在病斑表面逐渐生长出轮纹状排列的小黑点(分生孢子盘,图4-127),天气潮湿时,小黑点变为小红点(肉红色),即类似于粉状的粘状物(图4-128),为炭疽病的分生孢子团,这是炭疽病的典型症状,如图4-129和图4-130所示。

图4-127　夏黑果粒感染炭疽病　　　图4-128　京玉感染炭疽病病穗

图 4-129 葡萄感染炭疽病病穗　　　　　图 4-130 露天巨峰果粒感染炭疽病后期

以下为葡萄炭疽病的防治方法：

（1）做好田间卫生，把修剪下的枝条、卷须、叶片、病穗和病粒清理出果园，统一处理，不能让它们遗留在田间。

（2）采用套袋。

（3）药剂防治。展叶期开始防治，以后每隔10～14d喷药防治一次。比较有效的药剂有20%世高3000倍液、78%科博500～700倍液、30%爱苗乳油4000～6000倍液、好力克5000倍液。

7. 葡萄白粉病

主要危害幼果和嫩梢、叶片。被害果粒表面出现黑色芒状花纹，上覆一层白粉，病部变褐或紫褐。因果粒局部停止生长，畸形变硬，有时纵向开裂露出种子。叶片受害时，起初产生白色或褪绿小斑，后表面长出粉白色霉斑，严重的蔓延到整个叶片，叶片变褐、焦枯，如图4-131和图4-132所示。新梢、穗轴被害时，初现灰白色小斑，后变为不规则大褐斑，呈羽状花纹，上覆一层白粉，严重时枝蔓不能成熟，如图4-133和图4-134所示。

 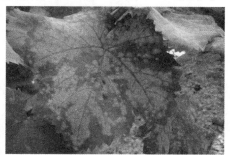

图 4-131 红地球叶片感染白粉病　　　　图 4-132 红宝石无核叶片感染白粉病

图 4-133 葡萄果穗感染白粉病1　　　　图 4-134 葡萄果穗感染白粉病2

以下为葡萄白粉病的防治方法：

（1）秋冬季清园，减少侵染源。秋季葡萄落叶后将落叶、病穗扫净烧毁，冬季修剪时，尽可能把病梢剪掉，剥除老皮，并再次清理果园，用3～5°Bé石硫合剂匀喷枝干和地面。

（2）及时摘心，绑缚新梢，保持果园通风透光。

（3）发芽始期，喷布3～5°Bé石硫合剂或25%阿米西达2000倍液。

（4）幼果开始发病时，喷布20%三唑酮2000倍液、12.5%烯唑醇3000倍液、10%美铵600倍液、30%爱苗乳油4000～6000倍液或50%醚菌酯3000倍液。

8. 葡萄枝枯病

主要危害葡萄枝蔓，严重时危害穗轴、果实和叶片。枝干受害出现长椭圆或纺锤形条斑，病斑黑褐色，枝蔓表面组织有时纵裂，木质部出现暗褐色坏死，维管束变褐，如图4-135所示。新梢得病，易造成整个新梢干枯死亡。穗轴发病，最初为褐色斑点，随后扩展成长椭圆形大斑，严重时造成全穗干枯。叶部病斑近圆形，严重时成不规则大斑，果实上病斑为圆形或不规则形。

图4-135　葡萄枝枯病病枝

以下为葡萄枝枯病的防治方法：

（1）秋冬季清园，减少侵染源。秋季葡萄落叶后将落叶、病穗扫净烧毁，冬季修剪时，尽可能把病梢剪掉，并再次清理果园，用3～5°Bé石硫合剂匀喷枝干和地面。

（2）及时摘心，绑缚新梢，保持果园通风透光。

（3）药剂防治。结合防治葡萄炭疽病和白腐病的同时可兼治葡萄枝枯病。

9. 葡萄酸腐病

酸腐病是果实成熟期常见的病害。发病果园内可闻到醋酸味，果穗周围可见小蝇子（长4mm左右的醋蝇），烂果内外可见灰白色小蛆；果粒腐烂后流出汁液，汁液流到处即受感染，果袋下方一片湿润（俗称尿袋），腐烂后干枯，果粒只剩果皮和种子，如图4-136～图4-139所示。

图4-136 尿袋

图4-137 醉金香酸腐病病穗

图4-138 红地球的葡萄酸腐病病穗

图4-139 金手指的葡萄酸腐病病穗

以下为葡萄酸腐病的防治方法：

（1）农业防治。同一园内避免不同熟期的品种混栽，避免果粒出现伤口。

（2）药剂防治。以防病为主，病虫兼治。转色期前后使用1～3次80%水胆矾400～600倍液，每10～15d一次。杀虫剂用10%高效氯氰菊酯2000倍液等。发现该病发生，立即清除病组织，剪除带出田外，并用80%水胆矾400～600倍液加10%高效氯氰菊酯2000倍液浸或喷施于病果穗。

（3）辅助措施。糖醋液加敌百虫或其他杀虫剂配成诱饵诱杀醋蝇，或用悬挂蓝板诱杀醋蝇成虫，如图4-140所示。

图4-140 挂蓝板诱杀醋蝇

10. 葡萄黑痘病

主要危害葡萄的新梢、幼叶和幼果等幼嫩绿色组织。新梢、蔓、叶柄、叶脉、卷须及果柄受害时，呈暗色不规则凹陷斑，病斑可连成片形成溃疡，环切而使上部枯死，如图4-141和图4-142所示。幼叶受害呈多角形，叶脉受害则停止生长，使叶片皱缩以至畸形。叶片受害出现淡黄色圆形斑，中央灰白色，边缘暗褐色或紫色，干燥时破裂穿孔，如图4-143和图4-144所示。幼果受害，出现褐色圆斑，外围紫褐色，中央灰白色似鸟眼状，如图4-145所示。后期病斑硬化或龟裂，病果小而味酸，丧失经济价值，如图4-146所示。

图 4-141　葡萄新稍感染黑痘病 1

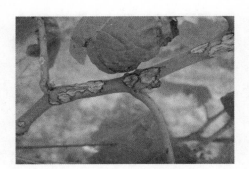

图 4-142　葡萄新稍感染黑痘病 2

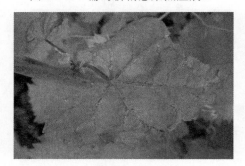

图 4-143　葡萄叶片感染黑痘病 1

图 4-144　葡萄叶片感染黑痘病 2

图 4-145　葡萄叶柄感染黑痘病

图 4-146　葡萄果穗感染黑痘病

以下为葡萄黑痘病的防治方法：

（1）采用大棚或小环棚设施栽培的，一般不需用药，但种植后第一年未盖膜的也要喷药。

（2）秋冬季清园，减少侵染源。秋季葡萄落叶后将落叶、病穗扫净烧毁，冬季修剪时，尽可能把病梢剪掉，并再次清理果园，用波美 3～5°Bé 石硫合剂匀喷枝干和地面。

（3）露地栽培的，展叶初期（二叶一心即新梢约 5cm 长时）、花前 1～2d、80% 花谢后及花后 10d 左右是防治的 4 个关键时期。保护效果好的有必备、喹啉酮等，治疗效果较好的药剂有 40% 福星 8000～10000 倍液、万兴 3000 倍液、世高 2000～3000 倍液、甲基托布津 800～1000 倍液、多菌灵 800～1000 倍液等。

11. 葡萄白纹羽根腐病

主要危害葡萄的根部，病根表面覆盖一层白色至灰白色的菌丝，在根茎组织上表现明显，如图 4-147 所示。该病先危害细小的根再向侧根和主根扩展，被害部位皮层变褐腐烂后横向向内危害至木质部。受害严重的可造成整株青枯死亡,一般幼树表现明显,多年生大树死亡缓慢。当部分根系受害后引起树势衰弱、发育不良、枝叶瘦弱、发芽延迟、新梢生长缓慢,土壤下面部分的树皮变黑易脱落。

以下为葡萄白纹羽根腐病的防治方法:

(1)增施有机肥,改善土壤通气性,促进根系发育;防止果园积水,根系受淹。

(2)对新引进苗木用50%多菌灵600~1000倍液消毒。对发病较轻的植株采用药剂灌根,用70%甲基硫菌灵800倍液或50%多菌特1000倍液每株浇灌10kg左右。对无法治疗或即将死亡的病株,及时挖除并清理残根后搬出园外烧毁,病穴用生石灰或70%甲基托布津800倍液消毒,对邻近植株进行灌根消毒。

12. 葡萄线虫病

受害植株地上部表现出生长不良,常表现为矮小、黄化、萎蔫、果实小等,产量减少。因根结线虫(图4-148)在土壤中呈现斑块状分布,以上症状容易被误认为是缺水、缺肥、缺素及其他因素造成。单条线虫可以产生很小的瘤状结节,多条线虫侵染可以使根结很大,严重时可使所有吸收根死亡,如图4-149和图4-150所示。

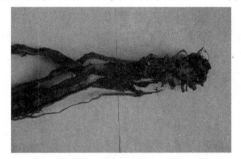

图4-147　葡萄白纹羽根腐病的葡萄树根

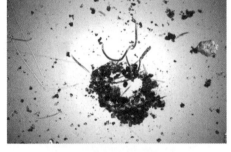

图4-148　葡萄根结线虫

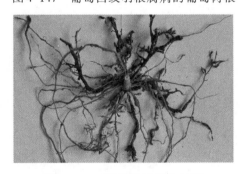

图4-149　葡萄根系瘤状结节1

图4-150葡萄根系瘤状结节2

以下为葡萄根结线虫病的防治措施:

(1)农业防治。进行种苗检疫,以限制病株、病土传到无病区。建立无病葡萄园。利用抗性砧木嫁接,是防治线虫病害的重要措施,常用的抗线虫砧木有SO4、5BB、5C、101-14、1103、Freedom、Dog ridge和Salt Creek等。

(2)药剂防治。移栽前用溴甲烷、棉隆、硫酰氟等土壤熏蒸剂处理土壤,熏蒸深度达60~100cm,必须在移栽前两周盖膜处理,揭膜放气10d后才能种植。

（3）种苗检验和处理。发病种苗根系及携带土壤是根结线虫远距离传播的主要途径。对轻病苗或来自病区的种苗要彻底进行处理，用0.1%克线磷（Nemacur）溶液浸泡30min或用50℃温水处理10min；根系土壤不宜除掉的，则处理根部携带的土壤24h，再移栽到大田中。

二、主要葡萄虫害与防治

1. 绿盲蝽

绿盲蝽属半翅目、盲蝽科，以成虫、若虫刺吸葡萄幼芽、嫩叶、花蕾和幼果，并分泌毒质使危害部位细胞坏死或畸形生长。嫩叶被害后先出现枯死小点，后变成不规则的孔洞（似黑痘病危害后期症状），如图4-151和图4-152所示。花蕾受害后即停止发育，枯萎脱落。受害幼果先呈黄褐色后呈黑色，皮下组织发育受阻，严重时发生龟裂，影响产量和品质，如图4-153所示。

绿盲蝽的成虫体长约5mm，雌虫稍大，体绿色，复眼黑色突出，如图4-154所示。触角4节丝状，较短，约为体长的2/3，第2节长等于3、4节之和，向端部颜色渐深，1节黄绿色，4节黑褐色。前胸背板深绿色，有许多黑色小刻点。三角形小盾片微突，黄绿色，中央具一浅纵纹。前翅半透明暗灰色，余下翅膀为绿色。5龄若虫，全身为鲜绿色，触角淡黄色，端部渐深，复眼灰色，翅芽尖端蓝色，达腹部第4节。

图4-151　绿盲蝽危害葡萄新梢

图4-152　绿盲蝽危害葡萄幼叶

图4-153　绿盲蝽危害幼果

图4-154　绿盲蝽危害幼果2

以下为绿盲蝽的防治方法：

（1）剥除老皮，清园消毒。

（2）诱杀成虫，每40000m²果园挂一台杀虫灯，如图4-155所示。

图4-155 紫外灯诱杀

（3）根据害虫习性,适宜在傍晚或清晨喷药防治;因其具有很强的迁移性,成片葡萄园应统一时间、统一用药。在萌芽后的低龄若虫期用药防治,药剂有吡虫啉、啶虫脒、高效氯氰菊酯等,连喷2～3次,间隔7～10d,喷药要做到全树上下、周围及杂草全部喷到。

2. 葡萄透翅蛾

葡萄透翅蛾属于鳞翅目、透羽蛾科。主要以幼虫蛀食嫩梢和1～2年生枝蔓,被害部位膨大（图4-156）,内部形成较长的孔道,妨碍树体营养的输送,使叶片枯黄脱落。该虫为害的最大特征是在蛀孔的周围有堆积的虫粪。

葡萄透翅蛾的成虫体长18～20mm,翅展30～36mm,形似黄蜂,体蓝黑色,头顶、颈部、后胸两侧、下唇须第三节为橙黄色;前翅红褐色,后翅半透明,腹部有三条黄色横带,以第四节中央的一条最宽,如图4-157所示。幼虫末龄体长约38mm。头部红褐色,口器黑色,胴部淡黄色,老熟时则带紫红色,全体疏生细毛,如图4-158所示。

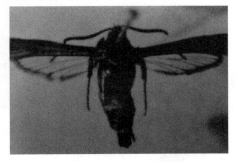

图4-156 枝干害虫透翅蛾冬剪时枝膨大及越冬幼虫　　　图4-157 葡萄透翅蛾成虫

图片来源:杨治元,等. 222种葡萄病虫害识别与防治.北京:中国农业出版社,2016.

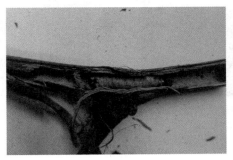

图4-158 葡萄透翅蛾幼虫

以下为葡萄透翅蛾的防治方法：

（1）农业防治。检查种苗、接穗等繁殖材料，查到有幼虫的植株则集中烧毁。6～7月间经常检查嫩枝，发现虫害枝及时剪掉。冬季修剪时，将虫害枝条剪掉烧毁，消灭越冬虫源。

（2）药剂防治。成虫羽化期，重点抓花前和谢花后进行药剂防治，开花前和谢花后用20%氯虫苯甲酰胺（20%康宽或5%普尊2500～3000倍液）或高效氯氰菊酯10%歼灭3000倍液喷杀。在粗枝上发现为害时，可从蛀孔灌入80%敌敌畏100倍液或2.5%敌杀死200倍液，然后用黏土封住蛀孔或用蘸敌敌畏的棉球将蛀孔堵死。

3. 葡萄短须螨

葡萄短须螨仅为害葡萄，又称葡萄红蜘蛛。以成螨、若螨和幼螨为害葡萄的嫩梢、叶片、果穗等。叶片受害后，由绿色变成淡黄色，然后变红，最后焦枯脱落，如图4-159所示。叶柄、穗轴、新梢等受害后，表面变为黑褐色，质地变脆，极易折断，如图4-160和图4-161所示。果实受害后，果面呈铁锈色，表皮粗糙龟裂，果实含糖量大减，酸度很高，影响果实着色和品质。

葡萄短须螨的雌成螨体长约0.32mm、宽约0.11mm，扁卵圆形，赭褐色，背面体壁有网状花纹，足短粗多皱，如图4-162和图4-163所示。若螨体较扁平，末端钝圆，暗灰色，体末端体缘上生有4对叶片状刚毛。卵椭圆形，鲜红色，有光泽。

图4-159　为害叶片

图4-160　葡萄短须螨为害嫩梢

图4-161　葡萄短须螨为害新梢节部

图4-162 葡萄短须螨1　　　　　　　　　图4-163 葡萄短须螨2

以下为葡萄短须螨的防治方法：

（1）农业防治。休眠期刮除或剥除老翘皮，集中烧毁，消灭越冬雌成虫。

（2）药剂防治。从外地引进苗木，一定要在定植前用3°Bé石硫合剂浸泡3~5min，晾干后再定植。春季芽绒球期用3~5°Bé石硫合剂或600~800倍强力清园剂喷枝蔓芽；生长季节喷0.2~0.3°Bé石硫合剂或喷40%硫黄胶悬剂300~400倍液，或用尼满诺（阿维哒螨灵）等杀螨剂，每包10mL加15kg水喷洒，消灭卵和虫。

4. 葡萄斑叶蝉

葡萄斑叶蝉别名葡萄二星叶蝉、葡萄二点叶蝉、葡萄二点浮尘子，属同翅目、叶蝉科。成虫、若虫聚集在叶的背面吸食汁液，使被害处形成针头大小的白色斑点，后连成片，整个叶片失绿苍白（图4-164），导致早期落叶，对花芽分化及果实、新梢成熟均有影响；虫粪排泄果面，污染果实。

图4-164 葡萄斑叶蝉为害状

葡萄斑叶蝉的成虫体长约3.7mm，淡黄白色，头顶上有两个明显的圆形黑斑，前胸背板前缘有几个淡褐色小斑点，中央具有暗褐色纵纹；小盾板前缘左右各有一大的三角形黑纹，翅透明，黄白色，有淡褐色条纹，如图4-165所示。卵黄白色，长椭圆形，稍弯曲。若虫黄白色，末龄体长2.5mm。

以下为葡萄斑叶蝉的防治方法：

（1）农业防治。加强田间管理，改善通风透光条件。秋后、春初都应彻底清扫园内落叶和杂草，减少越冬虫源。

（2）物理防治。采用黄板诱杀（图4-166），每亩挂20~30块（20~40cm佳多黄板）于葡萄架上，每隔10~30d涂黏虫胶一次。

（3）化学防治。抓两个关键时期，一是发芽后（防治越冬成虫的关键时期），二是开花前后（防治第一代若虫的关键时期）。喷洒10%吡虫啉2000倍液、5%啶虫脒3000倍液、20%氰戊菊酯乳油3000倍液或10%歼灭3000倍液，还可用万灵、噻虫嗪等。注意喷洒均匀。

图4-165　葡萄斑叶蝉成虫

图4-166　果实成熟前1月用黄板诱杀叶蝉

5. 葡萄粉蚧

葡萄粉蚧属同翅目、蚧总科、粉蚧科、粉蚧属。以成虫和若虫藏在老蔓的翘皮下及近地面的细根上刺吸为害，使被害处形成大小不等的丘状突起，并随着葡萄的生长，逐渐向新梢上转移，多停栖在嫩梢的节部、叶腋、穗轴、果梗、果蒂等部位为害，如图4-167所示。被害后的果粒畸形，果蒂膨大，果梗、穗轴被害后，表面粗糙不平，并分泌一层黏质物，易招引蚂蚁和黑色霉菌，污染果穗，影响果实外观和品质，如图4-168和图4-169所示。发生严重时，会使树势衰弱，造成大量减产。

图4-167　葡萄粉蚧危害后的叶片

图4-168　葡萄粉蚧危害的果实1

葡萄粉蚧的雌成虫体长4.5~4.8mm、宽2.5~2.8mm，椭圆形，淡紫色，身披白色蜡粉，体缘有17对蜡毛，以腹部末端的一对最长。雄成虫体长1~1.2mm，灰黄色，翅透明，在阳光下有紫色光泽，腹部末端有一对较长的针状刚毛，约为虫体的1/3长，如图4-170所示。卵为淡黄色、椭圆形，大小为0.32mm×0.17mm。

图 4-169　葡萄粉蚧危害的果实 2

图 4-170　葡萄粉蚧成虫

以下为葡萄粉蚧的防治方法：

（1）农业防治。增强树势，提高抗虫能力，冬季清园减少虫源；在 5 月、7 月、9 月各代成虫产卵盛期人工去除老皮，消灭老皮下的虫卵。

（2）保护天敌。保护跳小蜂、黑寄生蜂等葡萄粉蚧的天敌。

（3）药剂防治。秋季落叶前，全园仔细喷一次 45% 晶体石硫合剂 300～400 倍液或 48% 毒死蜱乳油 1000～1200 倍液，着重喷树干以减少越冬虫卵基数；冬季剥除老皮，待芽绒球期再喷一次药剂。在各代幼虫孵化期，喷螺虫乙酯（亩旺特）3000 倍液、蚧宝、25% 噻嗪酮 800～1000 倍液或 48% 毒死蜱乳油 1000～1200 倍液，连续喷洒 2～3 次，毒杀若虫。

6. 白星花金龟

白星花金龟属鞘翅目、花金龟科，以成虫为害葡萄嫩叶、花和成熟果，造成大量落花落果影响产量；转色至成熟期危害果实，加重酸腐病，如图 4-171 所示。

以下为白星花金龟的防治方法：

（1）农业防治。成虫活动盛期，摇动枝蔓，振落成虫进行捕杀。

（2）用糖醋液诱杀。按糖∶醋∶酒∶水∶90% 敌百虫的比例为 3∶6∶1∶9∶1 配制，装入黄色或深色的容器内，在害虫危害期将容器挂在与花序或果同一高度处或埋在地里（离地面不足 1cm 处），白天盖住晚上打开，并及时添加药液。

（3）利用成虫趋光性，采用黑光灯或高压水银灯诱杀，如图 4-172 所示。

（4）药剂防治。在成虫为害盛期喷布 50% 辛硫磷 1000 倍液或 48% 毒死蜱 1500 倍液。也可用药剂处理土壤防治幼虫，于地面撒施 5% 辛硫磷颗粒剂，每亩约 2kg，施后将药浅耙入土。

图 4-171　白星花金龟危害葡萄果实

图片来源：许渭根（浙江省农业厅）提供

图 4-172　杀虫灯诱杀

7. 葡萄根瘤蚜

葡萄根瘤蚜是葡萄生产中的毁灭性害虫,是世界上第一个检疫性有害生物。2005年在我国上海马陆、湖南怀化等地有疫情存在。

葡萄根瘤蚜(图4-173)属同翅目、根瘤蚜科,主要危害根部,也可危害叶片。须根被害后肿胀,形成菱角形或鸟头状根瘤,虫子多在凹陷的一侧(不在根瘤内部而在外部);侧根和大根被害后形成关节形肿瘤,虫子多在肿瘤缝隙处,如图4-174和图4-175所示。葡萄根瘤蚜会破坏根系对水分、养分的吸收、运输,造成树势衰弱,影响花芽形成、萌芽和开花结果,严重时造成根系腐烂、植株死亡。叶片受害后,叶背面形成虫瘿(开口在叶片正面),阻碍叶片正常生长和进行光合作用。

不同类型的蚜虫形态特征不同:

(1)叶瘿型蚜虫。无翅成蚜体近于圆形,无腹管,体长0.9~1.0mm,与根瘤型无翅成蚜很相似,但个体较小,体背各节无黑色瘤状突起,在各胸节腹面内侧有一对小型肉质突起。

(2)根瘤型蚜虫。无翅成蚜体呈卵圆形,体长1.15~1.5mm,宽0.75~0.9mm,淡黄色或黄褐色,无腹管,体背各节具灰黑色瘤,头部4个,各胸节6个,各腹节4个;胸腹各节背面各具一个横形深色大瘤状突起,在黑色瘤状突起上着生1~2刺毛。

(3)有翅蚜。成虫体呈长椭圆形,长约0.9mm,宽约0.45mm;翅两对,前宽后窄,静止时平叠于体背(不同于一般有翅蚜的翅呈屋脊状覆于体背)。

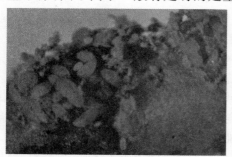

图4-173 葡萄根瘤蚜

图片来源:杜远鹏,等.防控葡萄根瘤蚜.北京:中国农业出版社,2014.

图4-174 葡萄根瘤蚜危害1

图片来源:李世诚(上海农科院林果所)提供

图4-175 根瘤蚜侵染形成大量根结

图片来源:杜远鹏,等.防控葡萄根瘤蚜.北京:中国农业出版社,2014.

以下为葡萄根瘤蚜防治方法：

（1）植物检疫。防治此虫传播。

（2）农业防治。采用抗虫砧木嫁接种苗，疫区采用沙地育苗。

（3）药剂防治。苗木与接穗枝条调运或栽种前进行消毒处理，使用50%辛硫磷800～1000倍液或80%敌敌畏600～800倍液，浸泡枝条或苗木15min，捞出晾干后调运（或将苗木调运到目的地经处理后栽种）。或用溴甲烷熏蒸处理，在20～30℃的条件下，每立方米的使用剂量为30g左右，熏蒸3～5h，用电扇或其他通风设备加快熏蒸时的气体流动。温度低时可提高使用剂量，温度高时减少剂量。还可用温水处理，先在43～45℃的水中浸泡20～30min，再在52～54℃的水中，浸泡枝条、根系5min。

8. 斜纹夜蛾

斜纹夜蛾属鳞翅目、夜蛾科，主要危害蔬菜，近几年来发现也危害葡萄，并有增加危害的趋势。

初孵幼虫集中在叶背为害，食叶肉后剩叶脉和网状透明表皮，如图4-176和图4-177所示。大龄幼虫食量大，为害叶后造成缺刻或将叶全部吃光。

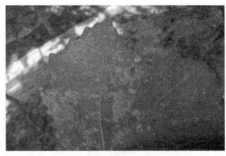

图4-176　幼虫集中为害后仅剩透明表皮1　　　图4-177　幼虫集中为害后仅剩透明表皮2

斜纹夜蛾的成虫体长14～20mm，翅展35～46mm，体暗褐色，胸部背面有白色丛毛，前翅灰褐色，花纹多，内横线和外横线白色，呈波浪状，中间有明显的白色斜阔带纹，所以称斜纹夜蛾。卵为扁平的半球状，初产黄白色，后变为暗灰色，块状黏合在一起，上覆黄褐色绒毛。幼虫一般6龄，老熟幼虫体长近50mm，头黑褐色，体色则多变，一般为暗褐色，也有呈土黄、褐绿至黑褐色的，背线呈橙黄色，在亚背线内侧各节有一近半月形或似三角形的黑斑，如图4-178所示。蛹长15～20mm，圆筒形，红褐色，尾部有一对短刺。

图4-178　大龄幼虫　　　　　　　　　图4-179　性诱剂诱杀

以下为斜纹夜蛾的防治方法：

（1）及时摘除附有卵块和初孵化幼虫的叶片并烧毁。

（2）使用糖醋液、黑光灯或性诱剂诱杀。

（3）3龄前为点片发生阶段，可结合田间管理，不必全田喷药。4龄后幼虫夜出活动，应在傍晚前后选用2.5%功夫乳油5000倍液、50%辛硫磷乳剂1500倍液或40%氰戊菊酯乳油4000～6000倍液等药剂，10d一次，连用两次。

9. 天蛾

葡萄天蛾为鳞翅目、天蛾科，寄主葡萄。幼虫食叶造成缺刻与孔洞，高龄仅残留叶柄。该虫在浙江一年内可发生3代，10月下旬至翌年4月中旬以蛹于表土层内越冬，4月中旬越冬代开始羽化，4月下旬始见第1代幼虫。第1代发生于4月下旬至7月，第2代发生于7月上旬至8月中旬，第3代发生于8月至10月下旬。成虫卵多产于叶背或嫩梢上，幼虫期35～50d，叶片食光后再转移邻近枝为害。1、2龄幼虫取食量小，常造成叶片缺刻和孔洞，3龄后幼虫日取食量暴增，4龄幼虫一天可取食成叶6～10片。

葡萄天蛾老熟时体长80mm左右，绿色，背面色较淡，体表布有横条纹和黄色颗粒状小点。头部有两对近于平行的黄白色纵线，分别于蜕裂线两侧和触角之上，均达头顶，第八腹节背面中央具一锥状尾角，如图4-180和图4-181所示。

 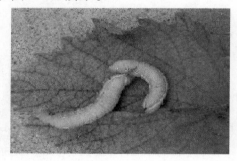

图4-180　葡萄天蛾1　　　　　　　　图4-181　葡萄天蛾2

以下为葡萄天蛾防治方法：

（1）结合冬春两季的土壤翻耕，减少越冬虫卵，降低翌年的虫口基数，零星发生则采取人工捉杀。

（2）利用成虫较强的趋光性，用频振式杀虫灯诱杀成虫，也可利用成虫趋化性及补充营养特点，用糖醋液进行诱杀。

（3）发生量较大时，可在幼虫3龄前用杀虫剂菊酯类药防治，防治的关键时期在6月、7月下旬至8月上中旬、9月（幼虫盛发期）。

第五章　采收包装,保鲜贮藏

1. 采收

葡萄的采收应在葡萄果实达到品种固有的品质特性时进行,同时考虑当地产量与销售市场因素,对粉红、不易着色或着色不均匀的品种在采前半月左右拆袋,促进着色,采摘时轻拿轻放,不要擦掉果粉,盛于筐内运回(图5-1),对套袋的果穗要连同纸袋一起取下。生产上还可采用在树上修整穗后套上白色网袋(保护果粉,减少运输过程中擦伤)的做法,采收后将葡萄直接装入包装箱中,欧美杂交种以单层包装为宜,如图5-2、图5-3所示。

2. 分级、包装

为了提高果品质量与等级,优质优价,应对果穗进行严格整理,剪除病虫果、小粒果和腐烂果等,根据等级标准进行分级,如图5-4所示。标准化葡萄感观上要求果穗典型完整,果粒大小均匀、发育良好,98%以上果粒充分成熟,具有品种固有的色泽、风味,缺陷度在5%以内。不同品种的葡萄分级标准存在差异,夏黑、巨峰的果实分级可参照表5-1、表5-2进行。

图5-1　采收

图5-2　采前套网兜

图5-3　装箱

图5-4　分级

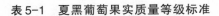

表5-1　夏黑葡萄果实质量等级标准

项目名称		一级果	二级果	三级果
感官	基本要求	果穗圆锥形或圆柱形、整齐、松紧适中，充分成熟。果面洁净，无异味，无非正常外来水分。果粒大小均匀，果形端正。果梗新鲜完整。果肉硬脆、香甜		
	色泽	单粒90%以上的果面达黑紫色至蓝黑色。每一包装箱内的葡萄颜色应一致		
	有明显瑕疵的果粒(粒/kg)	≤2		
	有机械伤的果粒(粒/kg)	≤2		
	有SO₂伤害的果粒(粒/kg)	≤2		
理化指标	果穗质量(g)	400~800	<400或>800	<400或>800
	果粒大小(g)	5~8	<5.0或>8.0	<5.0或>8.0
	可溶性固形物(%)	≥18	≥17	<17
	总酸(%)	≤0.5	≤0.55	>0.55
	单宁(mg/kg)	≤1.1	≤1.3	>1.3

数据来源：程大伟，陈锦永，顾红，等. 夏黑葡萄果实质量等级. 果农之友，2016，6：38-39.

表5-2　巨峰葡萄果实质量等级标准

项目名称		一级果	二级果
果穗基本要求		果穗完整、光洁、无异味；无病果、干缩果；果蒂、果梗发育	
果粒基本要求		发育成熟，果形端正，具有本品种固有特征	
果穗要求	果穗质量(g)	400~500	300~400
	松紧度	果粒着生紧密	中等紧密
果粒要求	果粒大小(g)	≥12	9~12
	色泽	黑或蓝黑色	红紫至紫黑色
	果粉	果粉完整	
	粒径(mm)	≥26	22~26
	整齐度(%)	≥85	
	可溶性固形物(%)	≥17	≥16
	果面缺陷	无	≤2%
	SO₂伤害	无	≤2%
	风味	品种固有风味	

数据来源：刘凤之等，2013

包装材料主要有纸箱、塑料筐、衬垫纸、胶带等，材料应清洁、卫生无毒，包装标签上应按标准标注生产执行标准、产品名称、数量、产地、采收日期、包装日期、生产者及地址等内容。

3. 保鲜贮藏

南方葡萄一般都是采后直接进入市场销售，如有保鲜储藏需要，可按照以下步骤操作：采摘无伤、无病的葡萄果穗，将其单层轻放进PVC葡萄专用保鲜袋内[国家农产品保鲜工程技术研究中心（天津）研制]，保鲜袋放在纸箱内，每箱装3～4kg，立即放入−1℃冷库进行储前快速预冷，目标温度3～4℃以下，预冷时间12～18h后，在果穗上部放置一张疏水性较强的白纸（套袋纸），将保鲜剂[国家农产品保鲜工程技术研究中心（天津）研制]按每箱葡萄用6～7包（2片/包）的量，用大头针在每包上扎两个透眼，均匀地放在疏水纸上，然后将保鲜垫（每张两小包，每包用2号大头针均匀地扎4个透眼）放置在保鲜剂上面，再用另一张相同的疏水纸盖好，以实现保鲜剂均匀释放，避免果穗出现局部漂白现象。扎紧袋口，将纸箱放置在0℃冷库中贮藏，如图5-5所示。

图5-5　冷库贮藏

附　　录

一、生产管理年历

葡萄的生产管理年历如附表1所示。

附表1　葡萄生产管理年历

月　份	生产管理要点
1月	确定生产目标,安排生产计划;深翻改土,排灌设施建设与维护,整修设施和架,清园,整形修剪,苗木硬枝嫁接,封膜增温
2月	苗木定植,整形修剪,整修排灌系统,病虫害防治,封膜增温及棚内温湿度调控
3月	施芽前肥和根外追肥,病虫害防治,抹芽、定梢、绑蔓,苗圃地整理和硬枝扦插,棚内温湿度调控,防雪灾冻害
4月	预防冻害,嫩枝嫁接,定梢、摘心、整花序、拉长花序、疏花蕾、无核化处理,防病治虫,根外追肥,棚内温湿度调控,安装防鸟网
5月	疏果,控梢,套袋,果穗膨大或保果处理,病虫害防治,施膨果肥,铺反光膜;花期诊断营养缺余
6月	早熟葡萄采收,防病治虫,中耕除草,追肥,控梢,梅雨季防涝害,沟内铺旧膜隔水以防裂果;苗圃地追肥、灌水;打老叶促着色
7月	病虫害防治,防台抗旱,苗圃地追肥、灌水,绑蔓摘心,晚熟品种追肥;打老叶促着色
8月	中晚熟葡萄采收,防台抗旱,病虫害防治,施采后肥;打老叶促着色
9月	晚熟品种采收及冷藏保鲜,防台抗旱,病虫害防治,深耕除草、种植绿肥或蔬菜,幼龄果园间作,晚熟品种施采后肥
10月	晚熟品种采收,采后病虫害防治,土壤及生草管理,揭除薄膜,摘心促枝成熟
11月	延后栽培品种采收,土壤管理与施肥,品种调整,苗木出圃准备
12月	计划密植园的间伐,排灌设施的维护,整形修剪,准备肥料、农药、薄膜等农资

二、主要农事管理操作

1. 树液流动期

树液流动期（2月中下旬），在春季芽膨大之前及膨大时，从葡萄枝蔓的新剪口或伤口处流出许多无色透明的液体，即为葡萄的伤流（附图1）。伤流的出现说明葡萄根系开始大量吸引养分、水分，为进入生长期的标志。

树液流动期的主要农事管理：

（1）整枝修剪扫尾。

（2）苗木定植，扦插育苗准备。

（3）芽萌动后喷3～5°Bé石硫合剂或强力清园剂600～800倍液消毒，防治黑痘病、白粉病、毛毡病、红蜘蛛、蚧壳虫等病虫害。

（4）整修排灌系统。

（5）封膜增温（促成）。

（6）棚内温湿度调控（湿度控制在85%～90%，温度不超过30℃）。

2. 萌芽与花序生长期

萌芽与花序生长期（3月），又称为萌芽和新梢生长期。此期从萌芽开始至始花期结束，需35～55d。

萌芽与花序生长期的主要农事管理：

（1）施芽前肥和根外追肥。

（2）芽萌动后喷3～5°Bé石硫合剂或强力清园剂600～800倍液消毒，如附图2所示。

（3）展叶期和新梢生长至8～10叶时，分别防治红蜘蛛、绿盲蝽、介壳虫、毛毡病、蓟马、蚜虫、白粉病和灰霉病、穗轴褐枯病等。

（4）抹芽、定梢、绑蔓。

（5）室内硬枝嫁接。

（6）加强苗圃地管理。

（7）棚内温湿度调控。

附图1　伤流

附图2　新梢生长

3. 开花期

从开始开花至开花终止为开花期（4月）（附图3），花期持续1～2周，这也是决定葡萄产量的重要时期。

附图3 开花期

开花期的主要农事管理：

（1）棚内温湿度调控（防"倒春寒"）。

（2）定梢，摘心，整花序，疏花蕾，进行无核、保果处理，进行保果、膨大处理，如附图3所示。

（3）设施内育苗绿枝嫁接或大树高接换种。

（4）防治灰霉病、穗轴褐枯病、霜霉病、枝干溃疡病、金龟子、蚜虫等病虫害，结合进行补硼、锌和根外追肥。

（5）结果树与苗圃地施肥。

（6）棚内温湿度调控（湿度50%～60%，温度20～28℃）。

（7）盛花期诊断树体营养缺余。

（8）购买纸袋及防日灼材料，安装防鸟网。

4. 浆果生长期

从花期至浆果开始成熟前为葡萄的浆果生长期（5～6月）。在此期间，当幼果直径为3～4mm时，有一个落果高峰。此期间果实增长迅速，新梢的加长生长减缓而加粗生长变快，基部开始木质化，到此期末即开始变色。

浆果生长期的主要农事管理：

（1）保果，疏果、套袋，膨大处理。

（2）夏季修剪，绿枝嫁接。

（3）防治灰霉病、穗轴褐枯病、霜霉病、枝干溃疡病、白粉病、白腐病、短须螨、粉蚧等病虫害。

（4）梅雨季注意排水，中耕除草，早中熟品种追肥。

（5）果实开始着色时铺反光膜，多层膜覆盖促早栽培的在成熟前15～30d在沟内铺旧膜隔水以防裂果。

（6）棚内温湿度调控。

（7）采收促成或加温栽培的早熟品种。

5. 浆果成熟期

浆果成熟期（7～8月），是指浆果从开始成熟到完全成熟的一段时期，一般在20～30d或以上。

浆果成熟期的主要农事管理：

（1）夏季护理（控梢促进枝成熟与花芽分化，去花序以下老叶促着色）。

（2）早中熟葡萄采收，如附图4所示。

（3）防高温干旱，防治日灼病、气灼病、霜霉病、枝干溃疡病、白粉病、白腐病、酸腐病、短须螨、粉蚧、吸果夜蛾、叶蝉等病虫害。

（4）台风多发产区加固设施与支架，以防台风危害。

（5）苗圃地追肥、灌水，立竹竿绑蔓摘心。

（6）晚熟品种追肥。

附图4 成熟期

6. 枝蔓老熟期

枝蔓老熟期(9～11月),又称新梢成熟和落叶期,是指从采收到落叶休眠的一段时期。新梢老熟始期因品种不同而存在差异,多数品种与果实始熟期同步或稍晚。

枝蔓老熟期的主要农事管理:

(1)晚熟和延后栽培的品种采收及冷藏保鲜,如附图5所示。

(2)采后补肥,恢复树势。

(3)幼龄果园间作。深翻除草,种植绿肥。

(4)防治白粉病、霜霉病、天蛾、叶蝉、吸果夜蛾等病虫害,揭除覆膜。

(5)结果树与苗圃地追施钾肥,结合摘心促枝成熟。

(6)间伐树断根。

(7)整修排灌系统。

(8)调整品种布局。

(9)苗木出圃准备。

7. 休眠期

休眠期(12月～翌年2月中旬),从秋天落叶开始至翌年春季萌芽之前,为葡萄的休眠期。

休眠期的主要农事管理:

(1)冬季整形修剪(覆膜前1个月完成修剪),如附图6所示。育苗园剪插条砂或土藏。

(2)全园深翻改土,疏通沟渠,维修道路。

(3)苗木出圃、苗木种植或大苗移栽、间伐。

(4)定植前的准备和苗木调运。

(5)剥除老皮等清园工作,防治越冬东方盔蚧等病虫害。

(6)添置和整修、更换农机具。

(7)整修设施和架。

(8)准备肥料、农药、薄膜等农资。

(9)包装盒设计、定制。

(10)萌芽前20～30d用石灰氮、单氰胺、赤霉酸涂芽破眠。

(11)封膜增温(促早)及棚内温湿度调控。

附图5　成熟采收

附图6　冬季修剪

三、葡萄园灾害防御与减灾技术

1. 早春冰雹灾后的葡萄管理技术

（1）设施栽培的、多层膜覆盖的、外天膜或单膜覆盖的，受损严重的揭除重盖新膜，只有少量的孔洞可用单面透明胶贴补。

（2）冰雹灾害过后，葡萄芽、嫩梢、叶片破损（附图7）受伤，容易引发灰霉病、白腐病等病害，应立即用杀菌剂如甲基托布津、阿米多彩或抑霉唑等防治。

（3）对正值萌芽至2叶1心期的，推迟抹芽，以便选择好的枝芽开花结果。

（4）对新梢长至7叶以上的，花序未受伤但主梢叶损坏的，留相应副梢叶两叶做补充；对花序损伤严重，产量估计不足750kg的，可采取逼主梢第6节以上的冬芽抽生二次果弥补产量。

（5）结合病虫防治，叶面补施氮、钾、钙肥，提高叶片光合效能，促进枝叶花正常生长。可施肥料有尿素、磷酸二氢钾、氨基酸钙、碧护、沃家福等。

（6）多膜覆盖进入开花期的注意温湿度调控，温度控制在20～28℃，湿度控制在50%～60%，否则有籽葡萄品种在温度低于15℃或高于30℃时会增加单性果的发生，温度过高则嫩枝叶易烫伤；湿度大于60%以上时，易发生穗轴褐枯病和灰霉病。

2. 早春雪灾冻害后的恢复管理技术（附图8～附图10）

附图7　雹灾叶片破损

附图8　早春低温冻害

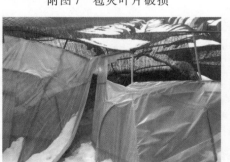

附图10　早春新梢冻害

附图9　雪灾压塌大棚

（1）枝蔓分类管理。

①结果母枝尚未被冻伤，而萌发的新梢全冻害致死的，抹除或截去相应的结果母枝，逼迫隐芽和靠近主干的冬芽萌发。

②结果母枝尚未被冻伤,而50%萌发的新梢冻害致死的,抹除冻害梢,集中营养,适当灌水,逼出未萌发芽。

③新梢4叶以上出现冻害的,留2～3叶摘心培养1～2个副梢培养明年结果母枝,或利用葡萄多次结果特性结二次果。

④新梢长至5～10叶,花序周围2～3叶出现冻害,而花序与新梢生长点尚未冻伤的,保留一个花序,利用副梢弥补叶面积的不足。

⑤结果母枝出现冻害的,在需要抽枝的部位上进行环割逼迫结果母枝基部或主干上的隐芽萌发,培养来年的结果母枝。欧美杂交种当新梢长至12叶时留10叶摘心。欧亚种结果母枝培养采用"5-4-3-2-1"摘心法,即营养枝长至6叶时留5叶摘心,顶副梢长至5～6叶时留4叶摘心,顶副梢再长至4～5叶时留3叶摘心,以此类推至留1叶摘心,其余副梢采用留1～2叶绝后摘心法。缓和树势,促进花芽分化,能提高来年结果枝率52%。

⑥结果母枝完全被冻害导致基本无收的,气温回升后要尽早拿掉围膜,以减缓新梢生长,以免影响明年产量。

(2)病害防控。雪灾后葡萄遭受冻害,植株长势将会减弱,容易导致一些寄生菌引起的病害发生,如葡萄灰霉病和葡萄枝干溃疡病等,因此需加强栽培管理,增强树势,提高植株抗病性,注意喷药保护。灰霉病的防治适期是花期,药剂可选用40%嘧霉胺800～1000倍液或50%腐霉利1000～2000倍液等;葡萄枝干溃疡病的药剂防治可结合葡萄炭疽病和白腐病等病害的药剂施用而兼治。

(3)设施温湿度调控。盖棚后7d内的最高温度控制在15℃以内,萌芽前最高温度控制在33℃以内,萌芽到开花控制在15～25℃,最高不超过30℃,湿度控制在60%～70%;开花期温度控制在25～28℃,湿度控制在50%～60%;幼果期温度控制25～28℃,湿度控制在75%。注意防止极限温度,绒球期温度不能低于−3℃,新梢生长期温度不能低于−1℃,花序分离期温度不能低于−0.5℃。

3. 葡萄暴雨灾后的恢复管理技术

(1)根系管理。

①排除积水(附图11),用淡水冲洗咸水,疏松土壤。

②叶面喷肥,土壤补磷,促使新根发生。

(2)防治病虫害。因田间湿度高、气候闷热易发生生理性病害,所以要注意防治灰霉病、霜霉病、白腐病、酸腐病、枝干溃疡病、吸果夜蛾。

①防治裂果病。

● 预防引起裂果黑痘病、白粉病。

● 土壤补钙。

● 稳定排水沟水位于畦面下40cm处。

● 采前15～30d在排水沟内铺旧膜,排水于畦外。

附图11　暴雨后积水的葡萄园

②防治缩果病

- 畦面设操作道,以保护耕作层。
- 壮根(增施有机肥,严格控制氮肥)。
- 保证水分供应(套袋前后要保持充足的水分供应)。
- 协调地上部分枝叶和地下根系的生长,剪除多余的副梢。
- 在硬核期的前中期补钙(叶面追施0.4%~0.5%的硝酸钙、氨基酸钙或其他钙肥)。

③防治日灼病。

- 利用花序周围副梢遮阴挡光。
- 易日灼的品种,天窗用透光率高的防晒网。
- 闷热天忌套袋。

④防治酸腐病。裂果以后易发生该病,防治原则是以防病为主,病虫兼治。

- 施用10%高效氯氰菊酯2000倍液加80%水胆矾600倍液或哇啉铜1500倍液。
- 清除病组织,剪除并带出田外。
- 紧急时用80%敌敌畏100~300倍液喷地面(或熏蒸),注意工人2d内不能进入棚内。
- 辅助措施。糖醋液加敌百虫或其他杀虫剂配成诱饵,诱杀醋蝇成虫。

⑤防治枝干溃疡病。

- 及时清除田间病害组织,集中销毁。
- 加强栽培管理,严格控制产量,合理肥水,提高树势,增强植株抗病力。棚室栽培的要及时覆盖薄膜,避免葡萄植株淋雨。
- 拔除死树,对树体周围土壤进行消毒;用健康枝条留用种条。
- 剪除病枝条及剪口涂药。剪除的病枝条统一销毁,对剪口进行涂药,可用甲基硫菌灵、多菌灵等杀菌剂加入黏着剂涂在伤口处,防止病菌侵入。

⑥防治吸果夜蛾。用糖醋药液诱杀,配方为蔗糖、醋、白酒、水以6:3:1:10的比例,加少量敌百虫。每亩园摆一盆药液,晚上打开,夜蛾吃后被毒死在盆内及周边,清晨将夜蛾及其他虫的尸体捞清后盖好,一直摆放至葡萄销售完。

⑦防治叶蝉。

- 农业防治。加强田间管理,改善通风透光条件。秋后、春初彻底清扫园内落叶和杂草,减少越冬虫源。
- 物理防治。采用黄板诱杀,每亩挂20~30块(20~40cm佳多黄板)于葡萄架上,每隔10~30d涂黏虫胶一次。
- 化学防治。喷洒20%氰戊菊酯乳油3000倍液或10%歼灭3000倍液,以及万灵、噻虫嗪、高效氯氰菊酯等药剂。注意喷洒需均匀、周到、全面。

⑧防治葡萄短须螨。6~8月间虫口密度大,要用尼满诺(阿维哒螨灵)等杀螨剂,每包10mL加15kg水喷洒,消灭卵、虫。

4. 台风灾后的恢复与次年稳产的关键技术

（1）树体扶正，修固设施。台风过后，很多葡萄树体被刮倒、叶片刮落、果实腐烂，大棚设施和葡萄架式倒地，尤其是毛竹大棚设施受影响较重（附图12），因此必须及时扶正树体进行绑缚，清除果园病株、枯枝与烂果，修缮加固大棚设施。

（2）排涝松土。台风带来大量降水，葡萄园往往受淹严重，长期积水会导致葡萄植株死亡，因此台风过后要及时开通沟渠，利用水泵排水，尽快排出园内积水，及时翻耕松土，增加土壤通气性，以利于葡萄根系呼吸。

（3）叶面追肥。台风后很多葡萄枝条光秃，部分枝条被刮断（附图13），应及时清理回剪，加强叶面追肥，喷布 0.3%～0.5% 尿素促进新梢萌发，补充树体营养。欧亚种顶梢生长到6叶时留4叶摘心，以后依次"3-2-1"摘心，副梢全部去除；欧美种成熟枝条的前2～3节萌发生长到4～6叶后基本不再生长，所以秋季需喷 0.2%～0.3% 磷酸二氢钾促进枝条成熟。台风过后应避免地面急施肥料与回剪到成熟枝条，以防止结果枝中下部位冬芽全部萌发，造成翌年直接减产。

附图12　台风后坍塌的葡萄园

附图13　葡萄枝条、叶片被台风刮落

（4）做好病虫害防治工作。台风过后，葡萄园病害流行，排涝松土、清园、剪除病梢烂果后，喷布 50% 福美双 600～800 倍液、80% 必备 400 倍液和 10% 苯醚甲环唑 1500～2000 倍液等杀菌剂防控病虫害，每周1次，连续用药2～3次。由于台风多集中在8～9月，因此台风后的秋季应加强防治霜霉病，避免重发秋梢因霜霉病而再次导致落叶，可用 80% 必备 400 倍液、霉多克 600～800 倍液、50% 烯酰吗啉锰锌 800 倍液等，促进叶面光合作用，积累营养，使秋梢营养得到补充，恢复树势。

（5）冬季长梢修剪。台风灾后树体花芽分化受到严重影响，花序减少和变短，因此冬季应采用长梢修剪适当增加留枝量和留芽量，每亩多预留200～300个枝条，每条结果母枝增加两个芽，以利于翌年保证花序量，稳定产量。

（6）翌年春增施萌芽肥。翌年春，萌芽期开始，葡萄花芽进入第二阶段分化期，台风灾后果园树体营养积累减少，容易出现翌年春季营养供应不足，导致花芽退化，因此台风灾后葡萄园春季需增施氮肥，肥水结合，保持高湿。休眠需冷量不足的浙东南沿海一带可以用石灰氮、朵美滋打破休眠，提高萌芽率和整齐性，保证花芽质量。

（7）保花保果。新梢生长期花序展现后，花序少且小的受灾葡萄园可以采用花前提早摘心，花序分离期喷施 20% 的禾丰硼 2000 倍液补施硼肥，花前 10～15d 用 3～5mg/L 赤霉素拉长花序，始花后 8～12d 用保果剂保果等措施提高坐果率，防止落花落果，以保证产量。

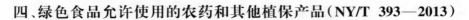

四、绿色食品允许使用的农药和其他植保产品（NY/T 393—2013）

2014年4月1日，国家实施了《绿色食品 农药使用准则》（NY/T 393—2013）的新行业标准，附录了绿色食品生产允许使用的农药和其他植保产品清单，如附表2所示。

附表2　AA级和A级绿色食品生产均允许使用的农药和其他植保产品

类别	组分名称	备注
I. 植物和动物来源	楝素（苦楝、印楝等提取物，如印楝素等）	杀虫
	天然除虫菊素（除虫菊科植物提取液）	杀虫
	苦参碱及氧化苦参碱（苦参等提取物）	杀虫
	蛇床子素（蛇床子提取物）	杀虫、杀菌
	小檗碱（黄连、黄檗等提取物）	杀菌
	大黄素甲醚（大黄、虎杖等提取物）	杀菌
	乙蒜素（大蒜提取物）	杀菌
	苦皮藤素（苦皮藤提取物）	杀虫
	藜芦碱（百合科藜芦属和喷嚏草属植物提取物）	杀虫
	桉油精（桉树叶提取物）	杀虫
	植物油（如薄荷油、松树油、香菜油、八角茴香油）	杀虫、杀螨、杀真菌、抑制发芽
	寡聚糖（甲壳素）	杀菌、植物生长调节
	天然诱集和杀线虫剂（如万寿菊、孔雀草、芥子油）	杀线虫
	天然酸（如食醋、木醋和竹醋等）	杀菌
	菇类蛋白多糖（菇类提取物）	杀菌
	水解蛋白质	引诱
	蜂蜡	保护嫁接和修剪伤口
	明胶	杀虫
	具有驱避作用的植物提取物（大蒜、薄荷、辣椒、花椒、薰衣草、柴胡、艾草的提取物）	驱避
	害虫天敌（如寄生蜂、瓢虫、草蛉等）	控制虫害

（续表）

类别	组分名称	备注
Ⅱ. 微生物来源	真菌及真菌提取物（白僵菌、轮枝菌、木霉菌、耳霉菌、淡紫拟青霉、金龟子绿僵菌、寡雄腐霉菌等）	杀虫、杀菌、杀线虫
	细菌及细菌提取物（苏云金芽孢杆菌、枯草芽孢杆菌、蜡质芽孢杆菌、地衣芽孢杆菌、多粘类芽孢杆菌、荧光假单胞杆菌、短稳杆菌等）	杀虫、杀菌
	病毒及病毒提取物（核型多角体病毒、质型多角体病毒、颗粒体病毒等）	杀虫
	多杀霉素、乙基多杀菌素	杀虫
	春雷霉素、多抗霉素、井冈霉素、（硫酸）链霉素、嘧啶核苷类抗菌素、宁南霉素、申嗪霉素和中生菌素	杀菌
	S-诱抗素	植物生长调节
Ⅲ. 生物化学产物	氨基寡糖素、低聚糖素、香菇多糖	防病
	几丁聚糖	防病、植物生长调节
	苄氨基嘌呤、超敏蛋白、赤霉酸、羟烯腺嘌呤、三十烷醇、乙烯利、吲哚丁酸、吲哚乙酸、芸苔素内酯	植物生长调节
Ⅳ. 矿物来源	石硫合剂	杀菌、杀虫、杀螨
	铜盐（如波尔多液、氢氧化铜等）	杀菌，每年铜使用量不能超过 6kg/hm²
	氢氧化钙（石灰水）	杀菌、杀虫
	硫磺	杀菌、杀螨、驱避
	高锰酸钾	杀菌，仅用于果树
	碳酸氢钾	杀菌
	矿物油	杀虫、杀螨、杀菌
	氯化钙	仅用于治疗缺钙症
	硅藻土	杀虫
	黏土（如斑脱土、珍珠岩、蛭石、沸石等）	杀虫
	硅酸盐（硅酸钠，石英）	驱避
	硫酸铁（三价铁离子）	杀软体动物

(续表)

类别	组分名称	备注
V. 其他	氢氧化钙	杀菌
	二氧化碳	杀虫,用于贮存设施
	过氧化物类和含氯类消毒剂(如过氧乙酸、二氧化氯、二氯异氰尿酸钠、三氯异氰尿酸等)	杀菌,用于土壤和培养基质消毒
	乙醇	杀菌
	海盐和盐水	杀菌,仅用于种子(如稻谷等)处理
	软皂(钾肥皂)	杀虫
	乙烯	催熟等
	石英砂	杀菌、杀螨、驱避
	昆虫性外激素	引诱,仅用于诱捕器和散发皿内
	磷酸氢二铵	引诱,只限用于诱捕器中使用

当附表2所列农药和其他植保产品不能满足有害生物防治需要时,A级绿色食品生产还可按照农药产品标签或GB/T 8321—2000的规定使用附表3中所列的农药。

附表3 允许使用的农药分类

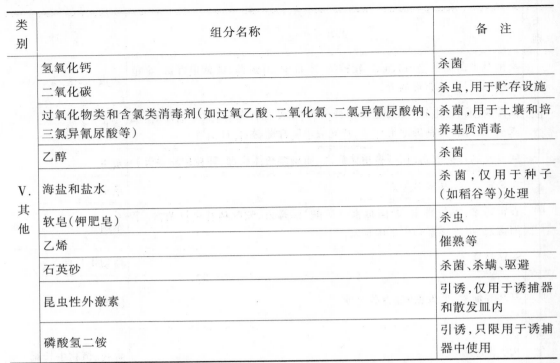

类别	名称	名称
杀虫剂	(1)S-氰戊菊酯 esfenvalerate	(15)抗蚜威 pirimicarb
	(2)吡丙醚 pyriproxifen	(16)联苯菊酯 bifenthrin
	(3)吡虫啉 imidacloprid	(17)螺虫乙酯 spirotetramat
	(4)吡蚜酮 pymetrozine	(18)氯虫苯甲酰胺 chlorantraniliprole
	(5)丙溴磷 profenofos	(19)氯氟氰菊酯 cyhalothrin
	(6)除虫脲 diflubenzuron	(20)氯菊酯 permethrin
	(7)啶虫脒 acetamiprid	(21)氯氰菊酯 cypermethrin
	(8)毒死蜱 chlorpyrifos	(22)灭蝇胺 cyromazine
	(9)氟虫脲 flufenoxuron	(23)灭幼脲 chlorbenzuron
	(10)氟啶虫酰胺 flonicamid	(24)噻虫啉 thiacloprid
	(11)氟铃脲 hexaflumuron	(25)噻虫嗪 thiamethoxam
	(12)高效氯氰菊酯 beta-cypermethrin	(26)噻嗪酮 buprofezin
	(13)甲氨基阿维菌素苯甲酸盐 emamectin benzoate	(27)辛硫磷 phoxim
	(14)甲氰菊酯 fenpropathrin	(28)茚虫威 indoxacard

（续表）

类　别	名　称	名　称
杀螨剂	（1）苯丁锡　fenbutatin oxide	（5）噻螨酮　hexythiazox
	（2）喹螨醚　fenazaquin	（6）四螨嗪　clofentezine
	（3）联苯肼酯　bifenazate	（7）乙螨唑　etoxazole
	（4）螺螨酯　spirodiclofen	（8）唑螨酯　fenpyroximate
杀软体动物剂	四聚乙醛　metaldehyde	
杀菌剂	（1）吡唑醚菌酯　pyraclostrobin	（21）腈苯唑　fenbuconazole
	（2）丙环唑　propiconazol	（22）腈菌唑　myclobutanil
	（3）代森联　metriam	（23）精甲霜灵　metalaxyl-M
	（4）代森锰锌　mancozeb	（24）克菌丹　captan
	（5）代森锌　zineb	（25）醚菌酯　kresoxim-methyl
	（6）啶酰菌胺　boscalid	（26）嘧菌酯　azoxystrobin
	（7）啶氧菌酯　picoxystrobin	（27）嘧霉胺　pyrimethanil
	（8）多菌灵　carbendazim	（28）氰霜唑　cyazofamid
	（9）噁霉灵　hymexazol	（29）噻菌灵　thiabendazole
	（10）噁霜灵　oxadixyl	（30）三乙膦酸铝　fosetyl-aluminium
	（11）粉唑醇　flutriafol	（31）三唑醇　triadimenol
	（12）氟吡菌胺　fluopicolide	（32）三唑酮　triadimefon
	（13）氟啶胺　fluazinam	（33）双炔酰菌胺　mandipropamid
	（14）氟环唑　epoxiconazole	（34）霜霉威　propamocarb
	（15）氟菌唑　triflumizole	（35）霜脲氰　cymoxanil
	（16）腐霉利　procymidone	（36）萎锈灵　carboxin
	（17）咯菌腈　fludioxonil	（37）戊唑醇　tebuconazole
	（18）甲基立枯磷　tolclofos-methyl	（38）烯酰吗啉　dimethomorph
	（19）甲基硫菌灵　thiophanate-methyl	（39）异菌脲　iprodione
	（20）甲霜灵　metalaxyl	（40）抑霉唑　imazalil

（续表）

类 别	名 称	名 称
熏蒸剂	（1）棉隆 dazomet	（2）威百亩 metam-sodium
除草剂	（1）2甲4氯 MCPA	（23）麦草畏 dicamba
	（2）氨氯吡啶酸 picloram	（24）咪唑喹啉酸 imazaquin
	（3）丙炔氟草胺 flumioxazin	（25）灭草松 bentazone
	（4）草铵膦 glufosinate-ammonium	（26）氰氟草酯 cyhalofop butyl
	（5）草甘膦 glyphosate	（27）炔草酯 clodinafop-propargyl
	（6）敌草隆 diuron	（28）乳氟禾草灵 lactofen
	（7）噁草酮 oxadiazon	（29）噻吩磺隆 thifensulfuron-methyl
	（8）二甲戊灵 pendimethalin	（30）双氟磺草胺 florasulam
	（9）二氯吡啶酸 clopyralid	（31）甜菜安 desmedipham
	（10）二氯喹啉酸 quinclorac	（32）甜菜宁 phenmedipham
	（11）氟唑磺隆 flucarbazone-sodium	（33）西玛津 simazine
	（12）禾草丹 thiobencarb	（34）烯草酮 clethodim
	（13）禾草敌 molinate	（35）烯禾啶 sethoxydim
	（14）禾草灵 diclofop-methyl	（36）硝磺草酮 mesotrione
	（15）环嗪酮 hexazinone	（37）野麦畏 tri-allate
	（16）磺草酮 sulcotrione	（38）乙草胺 acetochlor
	（17）甲草胺 alachlor	（39）乙氧氟草醚 oxyfluorfen
	（18）精吡氟禾草灵 fluazifop-P	（40）异丙甲草胺 metolachlor
	（19）精喹禾灵 quizalofop-P	（41）异丙隆 isoproturon
	（20）绿麦隆 chlortoluron	（42）莠灭净 ametryn
	（21）氯氟吡氧乙酸（异辛酸）fluroxypyr	（43）唑草酮 carfentrazone-ethyl
	（22）氯氟吡氧乙酸异辛酯 fluroxypyr-mepthyl	（44）仲丁灵 butrali
植物生长调节剂	（1）2,4-滴 2,4-D（只允许作为植物生长调节剂使用）	（5）萘乙酸 1-naphthal acetic acid
	（2）矮壮素 chlormequat	（6）噻苯隆 thidiazuron
	（3）多效唑 paclobutrazol	（7）烯效唑 uniconazole
	（4）氯吡脲 forchlorfenuron	

注1：该清单每年都可能根据新的评估结果发布修改单。

注2：国家新禁用的农药自动从该清单中删除。

五、葡萄园建议使用农药及安全间隔期

葡萄园建议使用农药及安全间隔期如附表4所示。

附表4　葡萄园建议使用农药及安全间隔期

农药名称	防治对象	制剂、用药量（以标签为准）	年最多使用次数	安全间隔期（d）
石硫合剂*	螨类、白粉病等	3～5°Bé	3	15
百菌清*	白腐病、黑痘病、炭疽病等	75%可湿性粉剂500～800倍液	4	21
代森锰锌*	霜霉病、白腐病、黑痘病等	70%可湿性粉剂1000～1600倍液	3	10
氟硅唑*	白腐病、白粉病、黑痘病等	40%乳油8000～10000倍液	3	7
福美双*	白腐病	50%可湿性粉剂600～800倍液	2	30
苯醚甲环唑*	炭疽病、黑痘病、白腐病等	20%水分散粒剂（前期3000～5000倍液、后期1000～1500倍液）	2	14
异菌脲*	灰霉病	500%悬浮剂750～1000倍液	2	10
嘧霉胺*	灰霉病	40%可湿性粉剂800～1200倍液	2	21
腐霉利*	灰霉病	50%可湿性粉剂1000～1500倍液	2	20
美铵	白粉病、霜霉病、白腐病等	10%水剂600～1000倍液	5	7
甲基硫菌灵	黑痘病、炭疽病、灰霉病等	70%可湿性粉剂800～1200倍液	2	20
戊唑醇*	白腐病等	80%水分散粒剂3000～10000倍液	2	14
烯酰吗啉*	霜霉病	50%可湿性粉剂4000～5000倍液	1	
嘧菌酯*	霜霉病、白腐病、黑痘病等	50%可湿性粉剂2000～4000倍液		7
吡虫啉	蚜虫、蓟马、叶蝉等	10%可湿性粉剂2000～3000倍液	2	30
噻虫嗪*	介壳虫等	25%水分散颗粒剂4000～6000倍液		
啶虫脒	绿盲蝽、斑衣蜡蝉	3%乳剂腺2000～2500倍液	2	7
敌百虫	斑衣蜡蝉、绿盲蝽	90%晶体或乳油1500倍液		
辛硫磷	斑衣蜡蝉、绿盲蝽、根瘤蚜等	40%乳油1000～2000倍液		20
联苯菊酯	白蚁、星毛虫、叶蝉等	2.5%乳油每亩15～30mL		30

（续表）

农药名称	防治对象	制剂、用药量（以标签为准）	年最多使用次数	安全间隔期（d）
高效氯氰菊酯	叶蝉、绿盲蝽、醋蝇等	10%乳油 2000～4000 倍液		15
高效氯氟氰菊酯	卷叶蛾、叶蝉、绿盲蝽	2.5%乳油 1000～4000 倍液		7
阿维菌素	短须螨、叶蝉	1.8%乳油 3000～4000 倍液		
苦参碱*	蚜虫等	0.3%水剂 200～800 倍液		
噻螨酮	瘿螨、短须螨	5%乳油 2000～3000 倍液	2	30
哒螨灵	短须螨性、蓟马、叶蝉	15%乳油 1500 倍液	2	10
苯氧威	盔蚧、粉蚧、叶蝉、粉虱等	3%乳油 1000 倍液		

注：标有"*"的农药在葡萄上已登记，未加"*"的农药在其他果蔬上已登记。

六、葡萄园禁止、限制使用的农药

（1）禁止使用。甲胺磷，甲基对硫磷，对硫磷，久效磷，磷胺，六六六，滴滴涕，毒杀芬，二溴氯丙烷，杀虫脒，二溴乙烷，除草醚，艾氏剂，狄氏剂，汞制剂，砷、铅类，敌枯双，氟乙酰胺，甘氟，毒鼠强，氟乙酸钠，毒鼠硅，苯线磷，地虫硫磷，甲基硫环磷，磷化钙，磷化镁，磷化锌，硫线磷，蝇毒磷，治螟磷，特丁硫磷。

（2）限制使用。甲拌磷，甲基异柳磷，内吸磷，克百威，涕灭威，灭线磷，硫环磷，氯唑磷，水胺硫磷，灭多威，硫丹，溴甲烷，氧乐果，三氯杀螨醇，氰戊菊酯，丁酰肼（比久、B9），氟虫腈。

七、欧美杂交种葡萄设施优质、安全栽培技术模式

1. 主要品种

主要有夏黑、醉金香、早甜、鄞红以及巨峰优株、巨峰、红富士等欧美杂交种，如附图 14～附图 17 所示。

附图 14　夏黑　　　附图 15　醉金香　　　附图 16　早甜　　　附图 17　鄞红

2. 建园

（1）苗木选择。选用接芽饱满、生长健壮、根系发达的无病虫害的二级以上苗做定植用苗。

（2）栽植期。12月上旬至次年3月上旬。

（3）栽植密度与行向。钢管大棚行距2.4~3m，株距1~2m，每亩栽110~278株；简易连栋小环棚行距2.5~3m，株距1m，每亩栽222~267株为宜。栽植行向以南北向为宜。

（4）栽植要求。定植沟深30~50cm，沟宽60~80cm，每亩施2000kg畜肥或1000kg商品有机肥，混100kg磷肥施入沟内，填土整成馒头形栽植垄。用磷肥点好定植点，选晴天或阴天栽植。栽植时苗根向四周伸展，填土，浇透水，用80~100cm宽黑色地膜全垄条形覆盖，并及时开好三沟（围沟、腰沟、畦沟配套）。

（5）设施。

①简易标准钢管连栋大棚。矢高3.5m以上，肩高2.0m。

②简易连栋小环棚。顶高2.2~2.3m，行宽2.5~3m（含沟）。在单行用简易避雨小环棚基础上，整块地四周及棚间通天空气道用薄膜覆盖全封闭保暖。

（6）架式。

①平棚架。立柱高2.5m，地面高1.8~2.0m，每个立柱间距4m，每标准大棚种植两行。行间立柱对齐，以钢丝替代横杆，架面纵、横各30cm布钢丝，形成棚架面。

②双十字"V"形架，如附图18所示。

③单十字"飞鸟"型架，如附图19所示。

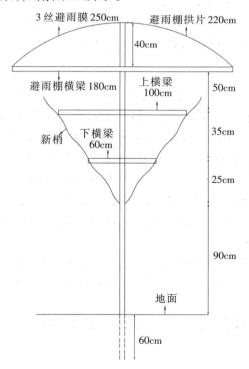

附图18　双十字"V"形架

图片来源：杨治元. 葡萄无公害栽培. 上海：上海科学技术出版社，2003.

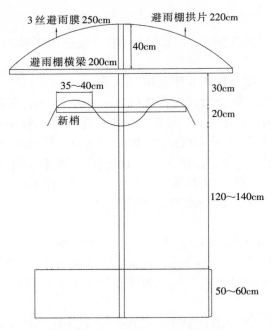

附图19　单十字"飞鸟"型架

3. 栽培指标

（1）产量指标。欧美种稳定在1250～1500kg。

（2）果粒质量指标。大粒品种果粒平均重12g以上，中粒品种果粒平均重10g以上，小粒种果粒单果重6g以上。可溶性固形物含量不小于16%。

4. 幼树管理

（1）生长指标。双十字"V"形架70cm处，单十字"飞鸟"型架130cm处，棚架150cm处，通过摘心培育2～4蔓。冬剪主蔓长180cm左右。欧美杂交种第一年可露地栽培。

（2）分类培育。6月上旬已形成4条主蔓为较理想的生长量。视生长情况分类培育。快长苗摘心后4条主蔓30cm以上控水、控肥；稳长苗摘心后4条主蔓30cm以下，合理供肥水；慢长苗尚未形成4条主蔓的要薄肥勤施，10～15d一次，以水促苗，力争培育4条蔓；停长苗待新梢开始生长，薄肥勤施，先淡后渐浓，避免过多施尿素。各种类型的苗主蔓长至1.5m左右摘心增粗，主蔓上长出的副梢长势弱的留1～2叶绝后摘心，强的摘除。9月底对主蔓摘心。

（3）追肥。6月中旬铺施腐熟的畜肥，每亩施500kg于种植垄上，沟泥压肥或肥面铺草。前期叶面喷施0.2%尿素液，入梅后喷0.2%磷酸二氢钾，每月喷施2～4次，直至8月。

（4）防治黑痘病、霜霉病、绿盲蝽、叶蝉、天蛾、透翅蛾等病虫害，防治方法参考结果树。

5. 结果树管理

（1）盖膜、揭膜。于1月中下旬（浙中南）至2月中旬（浙北）盖单层棚膜，5月中旬揭除围膜、开天窗转为避雨栽培。葡萄采收后揭除顶膜,分批揭膜延长采果期。抗霜霉病差的品种可延迟揭膜。

（2）温湿度调控,如附表5所示。

附表5　结果树的温湿度调控

时　间	棚内温度湿度	操作要求
封膜至萌芽前	不超过30℃,湿度85%左右	以增温为主
萌芽后至开花前	温度20～25℃,湿度60%～70%	齐芽后立即全园铺地膜
开花期至坐果期	温度20～28℃,湿度60%	防35℃以上高温
坐果后至采果结束	气温稳定在25℃以上	避雨栽培,防35℃以上高温

（3）枝蔓管理。

①解除休眠。萌芽前20～30d用5～7倍石灰氮浸出液或20倍朵美滋涂结果母枝,剪口的两个芽不涂。

②抹芽、定梢。新梢长至3～4cm时分批抹除多余的芽,见花序或5叶1心期后陆续抹除多余的梢。新梢长至40cm左右时,双十字"V"型架和单十字"飞鸟"型架选花穗大的梢按18～20cm等距离定梢绑缚在钢丝上;平棚架掌握每平方米5～6条。

③摘心、副梢处理。

"V"型架:新梢长至花序上6叶时摘心。

"飞鸟"型架:新梢长至花序上3(如长势旺的夏黑或无核处理的品种)～5叶摘心,去除副梢,顶副梢留一根,长至始花期留3～5叶摘心保果,去除二次副梢,顶副梢留4～5片叶再摘心。

平棚架:见花期在花序上部留6～8叶摘心,以后视枝蔓生长情况,对强梢再摘心1～2次。注意在离主干附近留4根营养枝培养成为第二年的结果母枝,新梢长至12叶时留10叶摘心,顶副梢留4叶连续摘心。着色难的品种硬核期摘除基部叶龄100d以上的叶片,促进着色。及时摘除卷须。

（4）冬季修剪。

修剪时间:自然落叶1个月后至次年1月。

修剪方法:第一年留3～4芽定植,选留一根新梢作主干,根据架式待新梢长至70～150cm时摘心,再培养4个副梢作为结果母枝;平棚架结果枝组间距1m左右。

6. 果穗管理

（1）定穗。每一结果枝留一穗,弱枝不留果穗。有籽葡萄品种无核化处理结果枝与营养枝按(1～1.5):1配置。

（2）整穗。花前3～5d整穗。有籽栽培花序留穗尖10cm,每个支穗保留10粒花蕾。无核化处理的。花序留穗尖4～7cm。

（3）疏果粒。中大粒种每穗控制40～60粒左右，小粒种留80～100粒。疏去圆粒无籽果，瘦小、畸形、果柄细弱、朝内生长的果。整成圆柱形。

（4）套袋。用白色葡萄专用纸袋，套袋时间为5月份。套袋能防止各种虫、鸟等危害，并能减轻果穗受到的药物污染和残留积蓄。

7. 施肥

（1）施肥时期和施肥量，如附表6所示。

附表6 施肥时期和施肥量

肥　料	时　间	施肥量（亩）	方　法
基肥	10月底～11月	畜禽肥1.5～2t，商品肥1t，加硼肥、硫酸锌、镁各1kg，钙肥50～75kg	深翻入土、灌水
催芽肥	萌芽前10～15d	复合肥10kg	撒施、灌水
花前肥	新梢7～8叶时	复合肥20kg（无核处理）	开沟条施、灌水
膨果肥	花谢75%至果黄豆大，膨大剂处理前后	复合肥10kg，尿素5kg 复合肥10～20kg	开沟条施、灌水
着色肥	硬核期	硫酸钾30kg、钙肥10kg（分两次施）	开沟条施、灌水
采果肥	采果后	氮磷二元复合肥10～15kg	浅翻入土、灌水
叶面肥	开花前后结合防病喷施0.2%复合硼锌肥，6月后每月喷施两次0.2%磷酸二氢钾，0.3%尿素或效果较好的营养液，直至9月，全年喷施10次左右		

（2）微量元素肥料施用。发现其他缺素症状的植株，进行针对性校正，喷施浓度500倍。

8. 病虫害防治

葡萄芽绒球期，地面、葡萄架和芽喷铲除剂3～5°Bé石硫合剂或30%机油·石硫乳剂800倍，对防治黑痘病有特效，同时杀死越冬虫卵。

展叶期（2叶1心期）用高效氯氰菊酯防治绿盲蝽。8～10叶期重点防治穗轴褐枯病兼防灰霉病，用70%甲基托布津或霉能灵800倍等防治。

开花前后，重点防治灰霉病、穗轴褐枯病、白腐病、白粉病、葡萄透翅蛾和葡萄虎天牛。花前至初花期喷农利灵800倍或50%速克灵600倍加硼砂1000倍，花后（落花期）喷阿米西达1500倍、磷酸二氢钾500倍和20%氰戊菊酯乳剂3000倍。

坐果后套袋前重点防治白腐病，兼防白粉病、炭疽病、霜霉病等病虫害，用抑霉唑或阿米西达、苯醚甲环唑和苯氧威处理果穗。

采果后至落叶前（9月上、中旬），重点防治天蛾、叶蝉、霜霉病等。用必备400倍预防霜霉病，10%歼灭乳油3000倍杀虫。

八、欧亚种葡萄设施优质、安全栽培技术模式

1. 主要品种

主要有矢富罗莎、美人指、红地球优株、白萝莎里奥等欧亚种,如附图20～附图23所示。

附图20　矢富罗莎　　　附图21　美人指　　　附图22　红地球优株　　　附图23　白萝莎里奥

2. 建园

(1)苗木选择。选用接芽饱满、生长健壮、根系发达的无病虫害的一级嫁接苗做定植用苗。

(2)栽植期。12月上旬至次年3月上旬。

(3)栽植密度与行向。钢管大棚行距2.4～3m,株距1.5～2m,每亩栽110～180株。简易小环棚行距2.5～3m,株距1.5～2m,每亩栽110～180株为宜。栽植行向以南北向为宜。

(4)栽植要求。定植沟深30～50cm,沟宽60～80cm,每亩施2000kg畜肥或商品有机肥1000kg,混100kg磷肥施入沟内,填土整成馒头形栽植垄。用磷肥点好定植点,选晴天或阴天栽植。栽植时苗根向四周伸展,填土,浇透水,用80～100cm宽黑色地膜全垄条形覆盖。并及时开好三沟(围沟、腰沟、畦沟配套)。

(5)设施。

①标准钢管连栋大棚。矢高3.5m以上,肩高2.0m。

②简易小环棚。顶高2.2～2.3m,行宽2.5～3m(含沟)。

(6)架式。

①平棚架。立柱高2.5m,地面高1.8～2.0m,每个立柱间距4m,每标准大棚种植两行。行间立柱对齐,以钢丝替代横杆,架面纵、横各30cm布钢丝,形成棚架面。

②单十字"飞鸟"型架,如前文附图19所示。

3. 栽培指标

(1)产量指标。欧亚种亩产稳定在1250～1750kg。

(2)果粒质量指标。大粒品种果粒平均重12g以上,中粒品种果粒平均重8～10g,无核果果粒重5～6g。可溶性固形物含量不小于15%。

4. 幼树管理

(1)生长指标。单十字"飞鸟"型架130cm处,棚架150cm处,通过摘心培育2～4蔓。冬剪主蔓长150～180cm。

（2）分类培育。至6月上旬已形成1主干2条顶副梢为较理想的生长量。当苗开始生长，抹除嫁接口以下芽，留嫁接口以上壮芽两个，新梢长至5叶后留一梢，每隔10d左右施稀薄人粪尿或尿素，先淡后渐浓，7月开始施钾肥或草木灰促进枝蔓成熟，安全越冬。

（3）追肥。6月中旬铺施腐熟的畜肥，每亩施500kg于种植垄上，沟泥压肥或肥面铺草。前期叶面喷施0.2%～0.3%尿素液，7月后喷施0.2%磷酸二氢钾，每月喷施两次，直至8月。

（4）主干上留2～4个顶副梢，并按"5-4-3-2-1"摘心培养，其他副梢留1～2叶绝后摘心。

（5）防治黑痘病、霜霉病、叶蝉、天蛾、透翅蛾等病虫害，防治方法参考结果树防治。

5. 结果树管理

（1）盖膜、揭膜。于1月中下旬（浙中南）至2月中旬（浙北）盖单层棚膜，5月中旬揭除围膜、开天窗转为避雨栽培。葡萄采收后揭除顶膜，分批揭膜延长采果期。抗霜霉病差的品种可延迟至10月初揭膜。

（2）温湿度调控，如附表7所示。

附表7　结果树的温湿度调控

时　间	棚内温度湿度要求	作　业
封膜至萌芽前	不超过30℃，湿度85%左右	以增温为主
萌芽后至开花前	温度20～25℃，湿度60%～70%	齐芽后立即铺地膜
开花期至坐果期	温度20～28℃，湿度60%	防35℃以上高温
坐果后至采果结束	气温稳定在25℃以上	避雨栽培，防35℃以上高温

（3）枝蔓管理。

①解除休眠。萌芽前20～30d用5～7倍石灰氮浸出液或20倍朵美滋涂结果母枝，剪口的两个芽不涂。

②抹芽、定梢。新梢长至3～4cm时分批抹除多余的芽，见花序或5叶1心期后陆续抹除多余的梢。新梢长至40cm左右时，单十字"飞鸟"型架选花穗大的梢按15～20cm等距离定梢绑缚在钢丝上；平棚架掌握每平方米5～6条。

③摘心、副梢处理。

● "飞鸟"型架：新梢长至花序上留一叶摘心（5叶），顶副梢按"4-3-2-1"叶摘心，其余副梢留1～2叶绝后摘心。注意在离主干附近留4根营养枝培养为第二年的结果母枝，按"5-4-3-2-1"摘心法培养。

● 棚架：见花期在花序上部留6～8叶摘心，易日灼的欧亚种美人指、红地球等品种花序上下两节副梢2～3叶反复摘心和扭梢以遮挡强光。硬核期摘除果穗周围老叶，促进着色，及时摘除卷须。

（4）冬季修剪。

● 修剪时间：自然落叶1个月后至次年1月。

● 修剪方法：第一年留3～4芽定植，选留一根新梢作主干，根据架式待新梢长至130～150cm时摘心，再培养2～4个副梢作为结果母枝；平棚架结果枝组间距1m左右。

● 冬季修剪：欧亚种采用中长梢修剪（5～10芽）为主结合短梢（2～3芽），单十字"飞鸟"型架结果母枝留8长加更新枝4短。

6. 果穗管理

（1）定穗。每一结果枝留一穗，弱枝不留果穗。

（2）整穗。花前5～7d掐穗尖和除副穗。大穗掐去1/(3～2)副穗，去穗尖，除基部数个小穗轴，保留支穗11～15个左右；中花穗掐去1/3，只去副穗。

（3）疏果粒。中大粒种每穗控制40～60粒左右，小粒种留80～100粒。疏去瘦小、畸形、果柄细弱、朝内、朝上生长的果。

（4）套袋。用白色葡萄专用纸袋，套袋时间为5月底。套袋可以防止各种虫、鸟等危害，并能减轻果穗受到的药物污染和残留积蓄。

7. 施肥

（1）施肥时期和施肥量，如附表8所示。

附表8　施肥时期和施肥量

肥　料	时　间	施肥量（亩）	方　法
基肥	10月底～11月	畜禽肥2t、商品肥1t，加硼肥1kg、镁肥1kg	深翻入土、灌水
催芽肥	萌芽前10～15d	三元复合肥10kg	撒施、灌水
花前肥	4月上中旬	复合肥10～20kg	开沟条施、灌水
膨果肥	花谢75%时（5月中旬）	三元复合肥30kg（分两次施，间隔7～10d）	开沟条施、灌水
着色肥	硬核期（5月中下旬）	硫酸钾30kg和钙肥10kg（分两次施）	开沟条施、灌水
采果肥	采果后	复合肥10kg	浅翻入土、灌水
叶面肥	开花前后结合防病喷施0.2%复合硼锌肥，6月后每月喷施两次0.2%磷酸二氢钾、0.3%尿素或效果较好的"生多素"，直至9月，全年喷施10次左右		

（2）微量元素肥料施用。硼要普遍施用，花前两周至一周喷施0.2%复合硼锌肥各一次。镁、铁、锌等发现其他缺素症状时，叶面喷施浓度500倍液校正。

8. 病虫害防治

葡萄芽绒球期，地面、葡萄架和芽喷铲除剂3～5°Bé石硫合剂或30%机油·石硫乳剂800倍，对防治黑痘病有特效，同时杀死越冬虫卵。

展叶期（2叶1心期）用高效氯氰菊酯防虫。8～10叶期，重点防治穗轴褐枯病，用70%甲基托布津800倍等防治。

开花前后，重点防治灰霉病、穗轴褐枯病、白腐病、白粉病、葡萄透翅蛾和葡萄虎天牛。花前至初花期喷农利灵800倍或50%速克灵600倍加保倍1500倍，花后（落花期）喷阿米西达1500倍（防病）和阿立卡（杀虫）。

坐果后套袋前重点防治白腐病，兼防白粉病、炭疽病、霜霉病等病虫害，用抑霉唑（或阿米西达）、苯醚甲环唑和苯氧威处理果穗。

采果后后至落叶前（9月上、中旬），重点防治天蛾、叶蝉、霜霉病等。用铜制剂防霜霉病，10%歼灭乳油3000倍杀虫。

参 考 文 献

陈再宏，程建徽，吴江. 2011. 浙江巨峰葡萄露地改大棚促早兼避雨栽培关键技术 [J]. 中外葡萄与葡萄酒(5)：42-44.

程建徽，魏灵珠，陈青英，等. 2013. 鲜食葡萄新品种——"玉手指"的选育[J]. 果树学报(4)：715-717.

程建徽，魏灵珠，李琳，等. 2012. 葡萄"三膜"覆盖早熟促成栽培技术[J]. 中国南方果树(1)：95-97.

程建徽，魏灵珠，李琳，等. 2012. 浙东南沿海地区葡萄避灾抗台栽培关键技术[J]. 中外葡萄与葡萄酒(3)：31-33.

程建徽，魏灵珠，郑婷，等. 2014. 适宜南方省力化栽培的葡萄新品种与技术措施[J]. 河北林业科技(Z1)：183-185.

程建徽，吴江，朱屹峰. 2009. 适宜浙北平原水网地区栽培的优良葡萄砧木引选与应用 [J]. 浙江农业科学(1)：53-57.

李琳，程建徽，魏灵珠，等. 2012. 早熟无核葡萄引种观察及筛选[J]. 浙江农业科学(5)：669-672.

刘凤之，段长青. 2013. 葡萄生产配套技术手册[M]. 北京：中国农业出版社.

梅军霞，吴江，郑婷，等. 2014. 红玛斯卡特葡萄在浙江地区的引种表现和栽培技术 [J]. 湖南农业科学(3)：64-66.

王海波，王宝亮，王孝娣，等. 2009. 设施葡萄22个常用品种需冷量的研究[J]. 中外葡萄与葡萄酒(11)：20-22.

王忠跃. 2009. 中国葡萄病虫害与综合防控技术[M]. 北京：中国农业出版社.

魏灵珠，蔡秀芬，程建徽，等. 2012. 葡萄新品种——"宇选1号"的选育[J]. 果树学报(4)：708-709.

吴江，程建徽，魏灵珠，等. 2010. 浙江欧美杂交种葡萄优质安全设施栽培模式[J]. 中外葡萄与葡萄酒(11)：38-40.

吴江，程建徽，魏灵珠，等. 2010. 浙江欧亚种葡萄优质安全设施栽培模式[J]. 浙江农业科学(6)：1237-1239.

吴江，程建徽，谢鸣，等. 2006. 南方欧亚种葡萄的引种评价和栽培技术研究. 果树学报(2)：191-195.

吴江,张林. 2014. 葡萄全程标准化操作手册[M]. 杭州:浙江科学技术出版社.

徐云焕,孙钧. 2012. 水果生产知识读本[M]. 杭州:浙江科学技术出版社.

杨治元. 2011. 大棚葡萄双膜、单膜覆盖栽培[M]. 北京:中国农业出版社.